GÄRTNERN
MIT
LANDSORTEN

GÄRTNERN MIT LANDSORTEN

*Weltweite, lokale und private
Ernährungssicherheit
durch genetisch vielfältige,
sich frei verkreuzende Pflanzen*

Joseph Lofthouse
Jürgen Müller-Lütken
Peter Ekl

Englische Entwicklung & Redaktion: Merlla McLaughlin
Ins Deutsche übertragen von Jürgen Müller-Lütken, und Peter Ekl (https://www.ichbindannmalimgarten.de)

Gestaltung mit freier Software: GIMP, LibreOffice, EB Garamond

Veröffentlicht von Father of Peace Ministry,
Paradise, Utah, United States of America

Mehr Informationen und Mailing-Listen: https://Lofthouse.com
Begleitender Videokurs: https://goingtoseed.org

Den Millionen von
freischaffenden Saatguthütern gewidmet,
die Zehntausende von Jahren
damit verbracht haben,
die Pflanzenarten zu Nutzpflanzen zu machen,
die ich heute anbaue.

Zur deutschen Übersetzung

Im deutschsprachigen Raum ist noch kaum ins Bewusstsein gedrungen, dass die früheren Landsorten unserer Nutzpflanzen-Arten aus einer unüberschaubaren Vielfalt genetisch unterschiedlicher Einzelpflanzen bestanden.

Es gehört auch nicht zum Allgemeinwissen, dass diese Individuen-Vielfalt der Landsorten die Ernährung der Menschheit 10.000 Jahre lang sichergestellt hat, und dass diese Vielfalt an Einzelpflanzen es außerdem möglich gemacht hat, dass sich die meisten Nutzpflanzen-Arten über weite Teile der Erde verbreiten und sich an viele unterschiedliche Bedingungen anpassen konnten.

Auch ist kaum bekannt, dass diese Vielfalt der Landsorten ausstarb, als die wissenschaftlich fundierte „Künstliche Auslese", die moderne Pflanzenzüchtung, begann, die „besten" Varianten innerhalb der Landsorten durch Inzucht in einheitliche Zuchtsorten zu verwandeln.

Durch diese Verringerung der Vielfalt ging die Anpassungsfähigkeit unserer Nutzpflanzen sowie die Sicherheit unserer Ernährung verloren.

All dies wird auch weltweit kaum in der breiten Öffentlichkeit thematisiert; entsprechende Literatur dazu gibt es nicht.

Das Buch „Landrace Gardening" von Joseph Lofthouse ist bis dato das einzige, das sich mit Landsorten befasst, das zeigt, wie sie wieder erschaffen werden können und welche Vorteile ihre heterogenen Einzelpflanzen besitzen.

Peter Ekl und Jürgen Müller-Lütken

Hinweis des Autors

Ein Wort des Dankes

Mit großer Dankbarkeit denke ich an die Übersetzerinnen und Übersetzer, die Landrace Gardening ins Deutsche übertragen haben. Sie haben ihre Zeit, Sorgfalt und Hingabe freiwillig eingebracht, um diese Ausgabe möglich zu machen. Ohne ihr Engagement würde dieses Buch deutschsprachige Leser nicht erreichen. Ich danke ihnen von Herzen.

Joseph

Inhaltsverzeichnis

Lofthouse Busch-Trockenbohnen, zur Aussaat ausgewählt

Der Weg zum Erfolg ist nicht,
mit den Widrigkeiten zu hadern...

Es ist, das zu tun, was wir gern tun!

Danksagungen

Vater Sonne und Mutter Gaia versorgen mich mit Leben und Nährstoffen. Ich bin dankbar, dass ich meine Beziehung zu Pflanzen, Tieren und der lebenden Welt in vollem Bewusstsein leben kann. Ich möchte eine tiefempfundene Dankbarkeit auch gegenüber den Mikroben, Endophyten, Pilzen, Bakterien und Viren ausdrücken, die lebenswichtige Elementen für meine Gesundheit und die der Pflanzen und Lebewesen sind, die mein Anwesen bevölkern.

Millionen von Saatgutbauern, die weder lesen noch schreiben konnten, fanden und vermehrten jahrtausendelang die Pflanzen, die ich heute kultiviere. Meine Bemühungen zum Erhalt und zur Weiterentwicklung unserer Nutzpflanzen sind nur ein winziger Beitrag.

Ich möchte allen danken, die mir beim Schreiben der englischen Version dieses Buches geholfen haben. Eine vollständige Liste der Personen und Organisationen, die dazu beigetragen haben, sind in der englischen Version zu finden.

Ich danke Peter Ekl und Jürgen Müller-Lütken für die Bearbeitung meines Buches für den deutschsprachigen Raum.

Ich möchte auch allen danken, die beim Korrekturlesen dieses Buches mitgewirkt haben. Unter all den Menschen, die mir in meinem Garten geholfen haben, nimmt Amber einen besonderen Platz ein. Unsere Gespräche über Landwirtschaft, den Begriff der Gemeinschaft und Nahrungsmittelsysteme haben meinen Lebensweg entscheidend beeinflusst. Ohne sie hätte ich wahrscheinlich nie gelernt, Gitarre zu spielen!

Landsorte eines Maxima(Riesen)-Kürbis

Landsorten-Salat

Vorwort

Ich gärtnere in einem kalten Bergtal in der Wüste. Kulturgewächse aus einem warmen Klima haben bei mir zu kämpfen. Pflanzen wie Tomaten, Paprika, Kürbis und Melonen sind schwer anzubauen. Gemüsesorten und Vorgehensweisen, die ein durchschnittlicher Gärtner in einem durchschnittlichen Klima nutzen kann, kann ich hier nicht nutzen. Methoden und Sorten, die vor vielen Jahrzehnten in weit entfernten Gärten beliebt waren, haben hier keine Chance.

Bei vielen Kulturen aus wärmeren Klimazonen musste ich, um eine Ernte zu erzielen, für meinen Betrieb Sorten entwickeln, die einzigartig sind. Landsorten haben sich am schnellsten an meine Anbaubedingungen angepasst.

Die erste Landsorte, die ich angebaut habe, hat sich so gut entwickelt, dass ich von da an die Prinzipien des Gärtnerns mit Landsorten auf alle Pflanzen und Tiere in meinem Garten angewendet habe.

Pflanzen wuchsen seit jeher als Landsorten, außer in den letzten zwei Jahrhunderten, nachdem der Anbau von Nahrungsmitteln von Gewerbetreibenden übernommen wurde, die sich in den letzten Jahrzehnten zu Mega-Konzernen entwickelten.

Eine Landsorte ist eine genetisch vielfältige, sich ungelenkt und promisk bestäubende und lokal angepasste Kulturpflanzenpopulation. Landsorten sind beliebt, weil sie stabile Erträge unter wechselnden Wachstumsbedingungen produzieren.

Landsorten entstehen durch das Überleben der am besten angepassten Pflanzen und dadurch, dass Landwirte diejenigen bevorzugen, die ihnen unter schwierigen Bedingungen einen zuverlässigen Ertrag liefern. Pflanzen, die nicht lange genug überleben, um Samen zu bilden, sterben aus. Die gesündesten Pflanzen überleben. Die Ankunft neuer Schädlinge, neuer Krankheiten oder Änderungen der Kulturpraktiken oder der Umwelt kann einigen Individuen in einer Landsorten-Population schaden. Aufgrund der hohen genetischen Vielfalt gedeihen viele Gruppen von Pflanzen innerhalb einer Population auch dann, wenn sich die Bedingungen ändern.

Landsorten können unter Bedingungen des Existenzminimums gedeihen ohne kostspielige Inputs wie Herbizide, Pestizide, Düngemittel oder Unkrautjäten. Für Gärten mit extremen Wachstumsbedingungen oder mit bestimmten Schädlingen können Landsorten die einzigen sein, die zuverlässig Ernten liefern.

Die Grundannahme dieses Buches ist, dass der Anbau von Nahrungsmitteln, die Gewinnung von Saatgut und die Pflanzenzüchtung das gemeinsame Erbe der Menschheit sind. Des Lesens und Schreibens unkundige Pflanzenbauer schenkten uns jede Kulturpflanze, die wir heute anbauen. Die früheren Saatguthüter wussten nichts über Gene. Ohne Bücherwissen arbeiteten sie miteinander sowie mit den Pflanzen und dem Ökosystem zusammen, um wundervolle Pflanzen zu schaffen.

Die Arbeit, die diese einfachen Leute geleistet haben, um Mais, Bohnen, Kürbis und Getreide zu entwickeln, ist die anspruchsvollste und wichtigste Sache, die die Menschheit erreicht hat. Trotzdem nimmt dies kaum jemand zur Kenntnis, obwohl es die erhabensten Bauwerke der Welt in den Schatten stellt.

Landsorten-Pflanzenzüchtung ist eine Arbeit, die am besten von einfachen Leuten erledigt wird. Wir brauchen weder Labore noch die Fähigkeiten des Lesens und Schreibens – die Brillanz und Größe dessen, was wir allein mit unserem Herzen und unserem gesunden

Menschenverstand in der Gemeinschaft vieler erreichen können, ist gewaltig.

Die Techniken des Anbaus von lokal angepassten Nahrungspflanzen und der Saatgutgewinnung stehen uns heute genauso zur Verfügung wie in vergangenen Zeiten.

Vor etwa 60 Jahren begann ein industrielles Modell der Lebensmittelproduktion die Menschen von traditionellen Methoden der Nahrungsmittelerzeugung zu trennen. Abgehobene „Experten" ersetzten das Wissen und die Erfahrungen der Menschen. Die meisten Menschen hörten auf, ihre eigenen Lebensmittel und Samen zu erzeugen, und wurden zu Rädchen in einer globalen Unternehmensmaschine. Diese Trennung ist allgegenwärtig.

Dieses Buch zeigt eine Alternative auf, ermutigt zur Unabhängigkeit und zur gemeinschaftlichen Selbstversorgung mit Nahrungsmitteln und Saatgut.

Ich gärtnere lieber mit Sanftheit und liebevollem Bewusstsein gegenüber mir selbst, den Pflanzen, Tieren und Mikroben. Ich behandle uns alle nicht wie Rädchen in einer Industriemaschine. Wenn ich an einem warmen Herbsttag Samen ernte, ist meine Seele mit den Menschen, Pflanzen und dem Ökosystem von Tausenden von Jahren verbunden, in Vergangenheit und Zukunft. Meine Erntetechniken versuchen, die mikrobiellen Symbionten zu erhalten, die die Pflanzen genährt haben.

Die Botschaft dieses Buches ist eine Botschaft der Hoffnung: Lebensmittelproduktion, Saatgutgewinnung und Pflanzenzüchtung sind für durchschnittliche Gärtner und Dörfer ohne Probleme machbar. Wir müssen uns nicht von Ausbildung, Experten, weit entfernten Mega-Konzernen oder deren Produkten abhängig machen.

Wir können ausgezeichnetes Saatgut gewinnen, das lokal angepasst ist und in unseren Gärten und Gemeinden gedeiht.

"Gärtnern mit Landsorten" bietet Ernährungssicherheit durch Biodiversität und promiske Bestäubung.

Das Cache-Tal in Utah

Joseph Lofthouse,
Paradise, Cache Valley, Rocky Mountains

Das Überleben der "Besten"

Gärtnern mit Landsorten ist die althergebrachte Art, Nahrungsmittel anzubauen. Es beruht darauf, dass die lokal angepassten Pflanzen überleben. Landsorten sind genetisch variabel, weil sich alle Pflanzen freizügig untereinander bestäuben können. Der Schwerpunkt dieses Buches liegt auf der intimen Verbindung von Landsorten mit lokalen Gärtnern und Gemeinden.

Landsorten passen sich an veränderte Bedingungen an. Die Pflanzen, die höchstwahrscheinlich gut gedeihen, sind Nachkommen von Pflanzen, die zuvor gut gediehen sind.

Wenn ich Samen aus dem industriellen Saatgutsystem aussäe, versagen gewöhnlich 75 bis 95 % der Sorten. Meine Nachbarn jammern mir vor, dass meine Mischlingssorten bei einmaliger Bewässerung pro Woche gedeihen, während ihre Katalogsorten selbst bei täglicher Bewässerung vertrocknen und sterben. Wenn ich sie frage, woher sie ihre Samen haben, erzählen sie mir stolz, dass sie sie von einer Bio-Farm an der Küste von Oregon bezogen haben.

Unsere Anbaubedingungen werden durch eine hochgelegene, grell besonnte, supertrockene Wüste mit großen Tag/Nacht- und saisonalen Temperaturschwankungen bestimmt. Die Bedingungen, unter denen ihre Katalogsamen entstanden, sind mittlere Sonneneinstrahlung, geringe Höhe, hohe Luftfeuchte und milde Temperaturen. Ihre Samen entwickelten sich in einer völlig anderen Gegend mit Wachstumsbedingungen, die das Gegenteil von dem sind, die wir hier haben. Ihren Samen fehlen die genetischen Anlagen, die notwendig sind, um unter unseren Bedingungen zu gedeihen.

In einem größeren Kontext ist die überwiegende Mehrheit des von der Saatgutindustrie verkauften Saatguts ungeprüftes Saatgut. Es gibt wenige - wenn es überhaupt welche gibt - Pflichten oder Verantwortlichkeiten zur Offenlegung der Wachstumsbedingungen des Saatguts. Sie können von überall auf der Welt stammen, aus unterschiedlichen Klimazonen und Ökosystemen oder von unterschiedlichen Böden.

Ich erziele bessere Ergebnisse, wenn ich bio-regional produziertes Saatgut verwende. Ich erziele die besten Ergebnisse, wenn ich meine eigenen ultra-lokalen Samen aussäe. Das Saatgut ist nicht nur an das Klima und die Anbaubedingungen angepasst, sondern auch an meine Gewohnheiten als Bauer.

Die erste Landsorte, die ich angebaut habe, war „Astronomy Domine"-Zuckermais. Es war ein Zuchtprojekt von Alan Bishop von Bishop's Homegrown in Pekin, Indiana. Das Ziel des Projekts war, einen Hybrid-Schwarm zu schaffen, der Hunderte von Zuckermaissorten enthält: moderne Hybriden, alte Sorten und traditionelle Hofsorten. Als ich die Samen aussäte, starben einige und einige gediehen. Einige wurden von Fasanen oder Stinktieren gefressen. Insgesamt waren die Ergebnisse aber ausgezeichnet. Ich habe die besten Samen aufbewahrt und wieder ausgesät. Die Ernte war fantastisch. Die Maispflanzen waren robuster und produktiver, ihre Kolben farbenfroher und schmackhafter als der kommerzielle Hybrid-Zuckermais, den meine Familie jahrzehntelang anbaute.

Ein Jahrzehnt später unterscheidet sich mein „Astronomy Domine"-Mais von dem Alans. Meinem reicht eine kürzere Wachstumsperiode und er hat buntere Körner; er reift zehn Tage früher als der von Alan.

Ich verliebte mich in die Zuckermais-Landsorte und stellte meinen gesamten Hof auf Landsorten-Anbau um. Die Cantaloupe-Melone ist

Astronomy Domine-Zuckermais, die erste Landsorten-Ernte

eine Kulturpflanze, die sich gut als Beispiel für meine Züchtungsarbeit eignet, da die verbreiteten Melonensorten bei mir nicht vor den ersten Herbstfrösten reifen. Pflanzen, wie Melonen, die sich hochgradig fremdbestäuben, werden schnell zu einer Landsorte. Fremdbestäubung schafft genetische Vielfalt und bietet somit die Möglichkeit, Varianten zu finden, die auf meinem Hof gedeihen.

Um das Cantaloupe-Projekt zu starten, habe ich Samen von den wenigen Melonen aufgehoben, die im Vorjahr Früchte getragen hatten. Ich habe Sorten hinzugefügt: von lokalen Bauernständen, aus dem Internet, aus Saatgutkatalogen und von Melonen aus Lebensmittelgeschäften. Einige Sorten keimten nicht einmal. Einige Sorten erlagen Schädlingen. Andere wuchsen nicht bei kühleren Temperaturen. Einige wuchsen ordentlich. Die beiden am besten wachsenden Pflanzen produzierten mehr Früchte als der Rest des Beetes zusammen.

Es war schon früh in der Vegetationsperiode ersichtlich, dass einige Pflanzen üppig gediehen und andere kaum wuchsen.

Zu Beginn eines Entwicklungsprojekts für Landsorten selektiere ich sparsam. Ich möchte, dass alles, was Samen erzeugen kann, seine Genetik zum Genpool beiträgt. In späteren Jahren selektiere ich strenger auf Produktivität und Geschmack. Feinheiten des Auswahlprozesses werden in späteren Kapiteln behandelt.

Ich habe Samen gesammelt und wieder ausgesät. Wahnsinn!! Ich habe immer wieder versucht, schlecht angepasste Melonen anzubauen. Ich hätte nie gedacht, dass Melonen bei mir reichlich produzieren könnten, bis ich schließlich 50 Kilogramm Früchte auf einmal geerntet habe!

Ich betrachte das dritte Jahr eines Landsorten-Zuchtprojekts als das magische Jahr. Im ersten Jahr sterben die völlig unangepassten Pflanzen ab. Im zweiten Jahr befruchten sich die Überlebenden gegenseitig. Im dritten Jahr sind ihre Nachkommen die Besten, gekreuzt mit den Besten. Selbst ohne hohe Kreuzungsraten haben die Pflanzen des dritten Jahres zwei Jahre lokaler Anpassung und Selektion auf Verbesserung hinter sich.

Susan Oliverson baut Melonen im selben Bergtal an wie ich. Wir haben großzügig Samen miteinander getauscht. Ich vertraue ihren Samen, weil wir das gleiche Klima, den gleichen Boden, die gleiche Höhe und die gleichen Insekten haben. Wir mögen beide Vielfalt. Ihre Samen gedeihen in meinem Garten. Wir haben unsere Melonen-Landsorte "Lofthouse-Oliverson" genannt.

Eine Schlüsselkomponente des Gärtnerns mit Landsorten ist die Zusammenarbeit einer Gemeinschaft, seien ihre Mitglieder nun lokal, bio-regional und durch ähnliche Ökosysteme auf der ganzen Welt verbunden.

Spinat wandelt sich leicht in Landsorten um. Ich habe mehrere Spinatsorten nebeneinander gesät und die Pflanzen, die langsam wuchsen oder schnell in Blüte schossen, entfernt. Etwa 4 der 12 Sorten waren für meinen Garten geeignet. Ich erlaubte ihnen, sich zu bestäuben

Landsorte vs. Spinat von auswärts
(die rote Box markiert den auswärtigen)

und Samen anzusetzen. Ein paar Jahre später gab mir jemand eine Packung Spinatsamen. Ich habe sie neben meiner lokal angepassten Landsorte ausgesät. Der importierte Spinat bildete Blüten, als seine Blätter 8 cm lang waren. Mein Landsorten-Spinat hatte im selben Stadium 30 cm lange Blätter.

Beim Wassermelonen-Projekt machten zu Beginn Menschen aus der ganzen Welt mit. Wir teilten Samen großzügig unter allen Teilnehmern. Die zuverlässigsten Importe in meinen Garten stammen von den am nächsten wohnenden Mitwirkenden. Weit entfernt wohnende und große Saatgut-Unternehmen sind wichtig, um genetische Vielfalt beizusteuern. Genetisch vielfältige, fremdbestäubende Nutzpflanzen bekommen einen neuen genetischen Bauplan unter dem Einfluss lokaler Bedingungen.

*Wassermelonen-
Verkostung*

Beim Start des Wassermelonen-Projektes habe ich ungefähr 700 Samen ausgesät. Die erste Aussaat umfasste promisk bestäubte Hybridnachkommen von Hunderten von Sorten. Im ersten Jahr habe ich fünf Früchte geerntet. Das ist ein großer Erfolg für ein Pflanzenzüchtungsprogramm, dass auf das Überleben der am besten geeigneten aufbaut. Eine dieser Früchte stammte von der alten Wassermelonen-Sorte, die mein Vater jahrzehntelang in unserem Tal erhalten hat.

Wenn ich anfange, eine neue Nutzpflanze an meinen Garten anzupassen, importiere ich manchmal Hunderte von Sorten und mache eine Massenkreuzung; ein andermal entwickele ich sie langsam und stetig. Ich werde beide Methoden in einem späteren Kapitel behandeln.

*Pastinake mit rübenartigen
Wurzeln*

Den langsamen und stetigen Ansatz habe ich bei Pastinaken gewählt. Mein Boden wird im Herbst hart. Die Pastinaken-Wurzeln sind dann schwer auszugraben; meistens brachen die Spitzen ab. Der größte Teil des Nährwerts blieb im Boden. Wir begannen mit einer Pastinake mit runder Wurzel und erlaubten ihr, sich auf natürliche Weise mit einer wüchsigen Pastinake zu vermischen, die lange Wurzeln hatte. Aus der Nachkommenschaft haben wir dann wieder auf Typen mit runder Wurzel selektiert. Es ist ziemlich unwahrscheinlich, dass ich noch einmal langwurzelige Pastinaken einkreuzen werde. Die runde Form möchte ich nicht mehr verlieren.

Nach meiner Erfahrung mit genetisch vielfältigen Nutzpflanzen, bestäuben sie sich gegenseitig und unterliegen dem Selektionsprinzip "Der am besten angepasste überlebt". Sie züchten sich sozusagen selbst. Meine Hauptaufgabe ist es, nicht einzugreifen. Ich säe zu einem geeigneten Zeitpunkt und bewässere oder jäte nach Bedarf. Ein ganzes Kapitel dieses Buches ist der Erforschung der promisken Bestäubung gewidmet.

Ich verwöhne meine Pflanzen nicht. Wenn eine Pflanze unter Krankheiten oder Schädlingen leidet, wird sie aussortiert. Ich versuche nicht, sie mit Pestiziden, Sprays, Herbiziden, Arbeit oder Behandlungen zu retten. Wenn ich sie früh entferne, hat diese schwache Pflanze keine Chance, ihren Pollen an die anderen Pflanzen im Beet weiterzugeben. Ich beschäftige mich ausführlich mit diesem Ansatz im Kapitel über Schädlinge und Krankheiten.

Viele Gärtner investieren z. B. einen gewaltigen Aufwand an Arbeit und Material in den Anbau von Tomaten. Sie halten sie vom Boden fern, indem sie sie an Gitter oder Stäbe aufbinden; sie entfernen die Seitentriebe für mehr Licht und Luft. Sie besprühen sie immer wieder mit irgendwelchen Mitteln. Ich züchte Tomaten, die sich auf der Erde ausbreiten. Ich beachte sie kaum. Wenn eine Sorte mit den lokalen Schädlingen und Krankheiten oder meinen Laissez-faire-Methoden nicht umgehen kann, möchte ich sie nicht in meinem Garten haben. Am liebsten baue ich lokal angepasste Sorten an, die mit den Anbaubedingungen klarkommen, die genau hier und jetzt wirksam sind.

Es ist viel einfacher für die Pflanzen, sich genetisch anzupassen als für mich ihre Wachstumsbedingungen zu ändern. Deshalb dünge ich meine Felder nicht und versuche auch nicht, den Boden zu verändern.

Wenn ich düngen würde, würde ich Pflanzen bekommen, die Dünger benötigen.

Das Umpflanzen ist oft schädlich für die Pflanzen, daher arbeite ich, wenn möglich, mit Direktsaat. Direkt gesäte Pflanzen wachsen wesentlich robuster und zuverlässiger als vorgezogene. Die Fähigkeit, bei Direktsaat zu überleben und zu gedeihen, steht ganz oben auf der Liste meiner Auswahlkriterien.

Ich mag Unkrautjäten nicht. Indem ich nicht jäte, selektiere ich auf Pflanzen, die mit Unkraut zurechtkommen. In einem Garten, in dem gejätet wird, gedeihen alle Pflanzen prächtig. Ich habe einige Jahre hintereinander den Großteil meiner Karotten an das Unkraut verloren. Karotten keimen langsam und wachsen langsam. Das Unkraut überwuchert sie ruckzuck. Ich habe Samen von den wenigen Pflanzen gewonnen, die den Unkrautdruck mehrere Jahre hintereinander überlebt haben. Aus ihnen und ihren Nachkommen wurden robustere, schnellwüchsigere Karotten. Ich wende diese Art der Unkrautbekämpfungsstrategie auf jede Nutzpflanzen-Art an, die ich anbaue. Normalerweise jäte ich nur einmal, kurz nach der Keimung.

Unkräuter liefern mir außerdem wichtige Nahrung. Wenn man mir bei der Gartenarbeit zuschauen würde, wäre es manchmal schwer zu unterscheiden, ob ich esse oder Unkraut jäte; denn viele Unkräuter wandern von der Hand direkt in den Mund.

Das "Überleben der am besten Angepassten" bedeutet, zu überleben, egal was der Landwirt oder die Umwelt an Zumutungen bereithält.

Selbstständige Permakultur:
Erdbeeren und Pilze

Pflaume, aus Samen gezogen

Selbstständigkeit vs. Industrieabhängigkeit

Beim Gärtnern mit Landsorten geht es um eine selbstständige, lokale Nahrungsmittelproduktion, Saatgutgewinnung und Pflanzenzüchtung. Im Laufe der Geschichte hat sich das Gleichgewicht von der Nahrungsmittelerzeugung in kleinem Maßstab hin zu einer zentralisierten Produktion verschoben. Wir befinden uns jedoch in einer Zeit, in der die Zeit der Zentralisierung abgelaufen ist. Die Menschen kehren zur dezentralen Lebensmittelerzeugung zurück. Lokal angepasstes Saatgut spielt eine wichtige Rolle in gesunden Ernährungssystemen.

Geschichte und Politik

10.000 Jahre lang florierte die Landwirtschaft durch den Anbau lokal angepasster Pflanzen. Jede Gärtnerin und jeder Bauer bewahrte Samen aus der eigenen Ernte auf. Nachbarn teilten Samen miteinander. Nahrungsmittelproduktion und Saatgutgewinnung waren lokal und eins. Genetische Vielfalt und Fremdbestäubung ermöglichten es den Pflanzen, sich an veränderte Bedingungen anzupassen.

Vor etwa 60 Jahren begannen große Konzerne mit der Züchtung von Nutzpflanzen. Sie haben auf Einheitlichkeit und Transportfähigkeit selektiert. Sie rangierten den größten Teil der genetischen Vielfalt innerhalb der Nutzpflanzenarten aus und betrieben intensive Inzucht. Pestizide, Herbizide, Fungizide, Dünge-,

Reifungs- und Konservierungsmittel kompensierten die Inzuchtprobleme und machten ihre Ergebnisse für den überregionalen Transport geeignet.

Die unter diesem System angebauten Pflanzen verloren einen Großteil ihres genetischen Gedächtnisses, das sie bis dahin befähigt hatte, mit Schädlingen, Krankheiten und ungünstigen Wachstumsbedingungen umzugehen. Sie wurden abhängig von den synthetischen Chemikalien.

Wer hobbymäßig gärtnert, will nicht unbedingt seine Pflanzen oder sich selbst mit Chemikalien vergiften; zu oft wird sich deshalb nicht an die strengen Spritzpläne gehalten, die erforderlich sind, um den besten Ertrag aus extremen Inzucht-Pflanzen zu ziehen.

Du bekommst das, worauf Du selektierst, auch wenn die Auswahl unbeabsichtigt ist. Wer Kompost, Mulch oder Holzspäne verwendet, selektiert dadurch Pflanzen, die mit diesen Inputs am besten wachsen. Die industrialisierte Saatgut-Erzeugung selektiert Sorten, die anorganischen Dünger, Pflanzenschutzmittel und Unkrautbekämpfung erfordern. Wenn industriell erzeugtes Saatgut ohne diese Bedingungen zurechtkommen muss, tut es sich schwer.

Genetisch vielfältige Nutzpflanzen bieten Sicherheit trotz wechselnder Bedingungen. Fremdbefruchtende Sorten können ihren genetischen Bauplan unter neuen Bedingungen neu ordnen, um diese Bedingungen optimal zu nutzen.

Hochgradige Inzucht- oder geklonte Pflanzen trugen zu massiven Ernteausfällen bei, darunter: Die europäische Kartoffelfäule von 1845-1857, der südliche Maisrost in Afrika in den 1950er Jahren, der amerikanische Maisrost von 1970 und das Versagen von Gentechnik-Mais in Südafrika im Jahr 2009. Kaffee, Bananen, Weizen, Äpfel, Kartoffeln und Tomaten sind Nutzpflanzen, die derzeit von einer systemweiten Störung bedroht sind. Ich glaube, dass das Scheitern von neumodischem Reis in Indien zu der hohen Selbstmordrate unter den Bauern beiträgt.

Genetisch vielfältige Pflanzen sind weniger anfällig für einen vollständigen Zusammenbruch. Ich baue etwa 5000 Maissorten an; ein Mega-Betrieb würde in der Regel nur eine Sorte anbauen. Ein einziger Kolben meines Landsorten-Zuckermaises hat mehr genetische Vielfalt als hunderte Hektar von kommerziellem Zuckermais.

Erbstück- oder Heirloom-Sorten sind Sorten, die vor vielen Jahrzehnten auf einem weit entfernten Bauernhof gediehen. Die Bedingungen sind heute und auf meiner Farm anders. Ich erzeuge ständig Sorten, die man in 50 Jahren als Erbstücke bezeichnen könnte.

Eine kürzliche soziale Störung führte dazu, dass Saatgut-Unternehmen nicht in der Lage waren, die vorhandene Nachfrage zu bedienen. Sie hatten nicht das Personal, die Ausrüstung, die Vorräte oder das Saatgut, um jeden zu versorgen, der Saatgut haben wollte. Die Lebensmittelmärkte demonstrierten die Schwächen eines globalisierten Just-in-Time-Liefermodells, bei dem viele Arten von Lebensmitteln und Vorräten zur Neige gingen. Trotzdem haben einige Regierungen den Verkauf von Saatgut als nicht systemrelevant eingestuft.

Lokal angepasste Nahrungspflanzen in Gemeinschaft anzubauen, bietet maximale Ernährungssicherheit und Freiheit. Eine Gemeinschaft, die ihre eigene Nahrung und ihr eigenes Saatgut anbaut, ist weniger anfällig für Handlungen von weit entfernten Unternehmen oder Politikern.

Das Gleichnis vom Bergvolk

Die Menschen kennen die grundlegenden Fakten über den Pflanzenbau seit Äonen. Pflanzen produzieren Samen, die gesammelt und neu gesät werden können. Die Nachkommen ähneln ihren Eltern und Großeltern. Mit dieser Wissensgrundlage schufen Analphabeten die Nutzpflanzen-Arten, die wir heute anbauen.

Über Zehntausende von Jahren sammelten und vermehrten Menschen, die weder lesen noch schreiben konnten, Pflanzen und Tiere, die als Nahrung nützlich waren. Sie wählten Pflanzen aus, die nicht giftig und faserig, die produktiv und resistent gegen Insekten und Krankheiten waren. Sie haben Pflanzen mit großartigen Aromen und hohe Nährstoffgehalten ausgewählt und weitervermehrt.

In dieser Zeit schlossen Menschen und Pflanzen Vereinbarungen miteinander. Die Pflanzen erklärten sich bereit, reichlich zu produzieren und ihre Gifte, Dornen und Anti-Nährstoffe aufzugeben. Die Menschen erklärten sich bereit, die Pflanzen zu versorgen, zu pflegen und zu beschützen. Pflanzen und Menschen gingen eine für beide Seiten vorteilhafte, eine symbiotische Beziehung ein.

Zusätzlich zu den offensichtlichen symbiotischen Beziehungen entwickelten sich auch unsichtbare symbiotische Beziehungen mit den Mikroben, die innerhalb und in der Nähe der Menschen und Pflanzen lebten.

Einige Pflanzen und einige menschliche Kulturen brachten die Symbiose auf eine nächst höhere Ebene. Einige Menschen begannen, neue Techniken zu nutzen, um das Erntegut z. B. besser vor Räubern und der Konkurrenz durch Unkraut schützen zu können. Der Überfluss an Nahrung ermöglichte es den Menschen, mehr Zeit für kulturelle Aktivitäten aufwenden zu können und weniger Zeit für das tägliche Überleben aufwenden zu müssen.

Die Menschen teilten sich in zivilisierte Menschen, die in Ortschaften in der Nähe des Getreides lebten, und Bergbewohner, die eher als Nomaden oder Jäger und Sammler lebten. Die Bergbewohner nutzten auch Pflanzen; sie praktizierten eher mehrjährigen Gartenbau als einjährigen Feldbau.

Die zivilisierten Menschen entdeckten, dass sie Getreide für Monate, Jahre oder Jahrzehnte lagern konnten. Sie sammelten das Getreide zur sicheren Aufbewahrung in Vorratshäusern und ernannten "Starke Männer", um das Getreide zu bewachen. Nachdem die Starken Männer die Kontrolle über das Getreide hatten, forderten sie Unterwerfung im Austausch gegen Lebensmittel und schickten Hilfssheriffs aus, um sicherzustellen, dass das gesamte von den zivilisierten Leuten produzierte Getreide in den zentralisierten Getreidespeichern und nicht in den privaten Vorratskammern landete.

Die Bergbewohner lebten weiterhin auf ihre traditionelle Weise und bauten schnell verderbliche Lebensmittel an, die nicht leicht zentralisiert oder transportiert werden konnten. Sie legten weiterhin kleine Gärten an, für die keine Verwalter notwendig waren. Sie suchten die Wildnis nach Nahrungsmitteln ab, über die nicht ohne weiteres Buch geführt werden konnte. Sie hielten kleine, mobile Gruppen von Tieren. Sie bauten mehrjährige Pflanzen an, bei denen Jahre zwischen zwei Ernten liegen können, oder einjährige Pflanzen, die für sich selbst sorgen können.

Die zivilisierten Völker industrialisierten das System ihrer Lebensmittelproduktion und schickten Horden von Robotern auf die Felder und in die Lagerhäuser, mit gerade genug schlecht bezahlten Arbeitern, um die Roboter am Laufen zu halten. Sie spuckten Gifte in die Luft, ins Wasser, über das ganze Land und sich selbst. Der lebendige Boden wurde zu totem Dreck und die Flüsse und Ozeane zu toten Zonen.

Die Industrialisierung des Ernährungssystems dezimierte die Mikroben, Pilze und Endophyten, welche die Pflanzen für ein angemessenes Wachstum benötigen.

Die von den zivilisierten Völkern angebauten Pflanzen wurden aufgrund von intensiver Inzucht "dumm"; sie verloren die Intelligenz, mit Umweltstress umzugehen. Die Mechanisierung und der übermäßige Einsatz von Pflanzenschutz- und sonstigen Spritzmitteln sowie künstlichen Düngern machten die Pflanzen von den Robotern abhängig und förderten die Vergesslichkeit. Die zivilisierten Pflanzen wuchsen schlecht, wenn sie in mehr naturnahe Gärten gesät wurden.

Die zivilisierten Menschen wurden ebenso von den Robotern abhängig, um an Nahrung zu gelangen. Sie taten alles, was die Starken Männer ihnen sagten, damit sie weiter essen konnten. Die zivilisierten Menschen wurden hart, wie die Maschinen, die sie ernährten. Angst, Misstrauen und Verzweiflung erfüllten ihre Städte. Sie verlernten das Singen und Tanzen und zogen es vor, anderen Menschen beim Singen und Tanzen zuzusehen, wie es ihnen von den Robotern gezeigt wurde.

Die von den Bergbewohnern genutzten Tiere und Pflanzen behielten ihr genetisches Gedächtnis darüber, wie sie mit Schädlingen, Krankheiten, Bauern, Böden und Ökosystemen umgehen sollten. Die Menschen und ihre Pflanzen pflegten eine gesunde Beziehung zu den Unkräutern, Tieren, Mikroben, Pilzen und Endophyten. Die intelligenten, vielfältigen Feldfrüchte, die von den Bergbewohnern angebaut wurden, brachten eine reiche Fülle an gesunder Nahrung hervor und boten den Bergbewohnern Frieden und Freiheit.

Die Bergbewohner feierten häufig ihr Glück und die Weisheit ihrer pflanzlichen und menschlichen Vorfahren. Sie kamen zusammen, um zu singen, zu tanzen und sich für die schönen Aromen, robusten Pflanzen, die Natur und ihre Gemeinschaften zu bedanken. Ihre Musik und ihr Tanz waren spontan, gemacht mit ihren eigenen Körpern, Vorstellungen und Instrumenten. Freude, Frieden und Zusammenarbeit erfüllten ihre Dörfer.

Jeder Garten flüstert im eigenen Ton.
Wer lauscht, hört eine Melodie der Anpassung.

C4 Bitter, säuerlich, sauer, zitronig, frisch

A4-2 Sauer, beißend, limette, zitrone, igitt!

A5-1 Mild, gefällig, Melone, flach, Fenchel, frisch, nasser Hund, Geschmack, Duftbombe, nussig, Melone-Sauermilch

C3 säuerlich, krass, Wow! Honigmelone, süß, Melone

C5-1 Süß blumig, fad, gärig, gute Balance

C5-5 Säuerlich, nicht beeindruckend, leicht, herzhaft, wässrig, mehr fade, frisch

C5-Gelb Mild, fad, bäh, wenig Säure, mehlig, wenig Zucker

A1-1 Gewinner des Geschmackstests, Mango, XXX gut, Wow! die Beste

A4-3 Nee. Sauer. Herb. Wässrig. Fad

A4-1 Saftig-grün, herb, starker Anfangsgeschmack, Gurkenhaut

C5-4 Melone, lecker, spritzig & süß, hmmmh

Tomatenverkostungsparty
Zusammenstellung von Kommentaren vieler Tester

Stetige Verbesserung

Der größte Vorteil für mich beim Anbau von Landsorten ist, dass meine Pflanzen gedeihen; sie werden jedes Jahr besser. Samen, die ich selbst gewinne, wachsen kräftiger als die, die ich kaufen kann.

Wenn ich eine Sorte von einem multinationalen Saatgut-Unternehmen kaufe, kann ich nicht vorhersagen, wie sie in meinem Garten wachsen wird; denn sogar Samen mit unterschiedlicher Genetik können das gleiche Etikett tragen. Wenn ich drei oder vier Sorten pflanze und die Samen von Pflanzen gewinne, die bei mir am besten wachsen, selektiere ich Pflanzen, die gedeihen. Sie produzieren zuverlässig Jahr für Jahr.

Multinationale Unternehmen testen ihr Saatgut unter durchschnittlichen Bedingungen in durchschnittlichen Gärten. Das bedeutet, dass ihre Samen möglicherweise nicht so gut abschneiden wie Samen, die an bestimmte Bedingungen in bestimmten Gärten angepasst sind.

Ich glaube, wenn wir die besten Sorten für unsere eigenen Gärten wollen, sollten wir genetisch vielfältige, sich freizügig untereinander bestäubende Pflanzen anbauen und dann Samen von ihnen in unseren eigenen Gärten und Gemeinden gewinnen. Mein Hof hat aufgrund der Höhenlage und der kurzen Saison extreme Wachstumsbedingungen. Ich konnte viele Gut-Wetter-Pflanzen nicht zuverlässig anbauen, bis ich anfing, meine eigenen Samen zu nehmen.

Eine Freundin baute in meinem Garten Zukkini(Zucchini)-Kürbis an. Sie nahm kommerziell erzeugtes Saatgut, das nicht lokal angepasst war. Diese Zukkini waren ein Magnet für Krankheiten und Schädlinge, die schnell dahingerafft wurden. Mein Zukkini-Kürbis scheint unempfindlich gegen Schädlinge und Krankheiten zu sein. Daher war es für mich eine Freude, den Niedergang ihres Kürbisses zu beobachten. Man sagt, dass man sich nicht am Unglück eines anderen weiden soll; aber in diesem Fall machte ich eine Ausnahme, weil es schön war, so einfach demonstriert zu bekommen, welche Vorteile das Gärtnern mit Landsorten hat.

Zuverlässigkeit und Produktivität

Ich liebe die Zuverlässigkeit und Produktivität von Landsorten-Pflanzen. Die Vorfahren einer ganzen Zahl von Generationen wuchsen und produzierten Samen auf meinem Hof. Da die Nachkommen ihren Eltern und Großeltern ähneln, gedeihen die Samen normalerweise gut, die auf meinem Hof produziert wurden; denn die Vorfahren haben bereits bewiesen, dass sie das Zeug zum Überleben hier haben.

Da sich das Klima von Jahr zu Jahr ändert, passt sich eine genetisch vielfältige, frei bestäubende Sorte an die sich ändernden Bedingungen an.

Ich kann Saatgut, das in fernen Ländern oder auf anderen Höfen angebaut wird, nicht vertrauen, da es aus einem anderen Ökosystem stammt.

Ich kann Samen vertrauen, die in meinem eigenen Garten oder in den Gärten meiner Nachbarn wachsen. Sie haben bewiesen, dass sie für mein Bergtal gut geeignet sind.

Die meisten kommerziellen Sorten versagen in meinem Garten. In der ersten Generation können einige Pflanzen jedoch noch vor den Herbstfrösten Samen produzieren. Die Grundvoraussetzung für den Anbau von Landsorten ist, lokal erzeugtes Saatgut zu nutzen. Selbst die Samen von unreifen Früchten sind oft schon lebensfähig genug, so dass einige keimen.

Das erste Jahr: (unreifer) Winter-Kürbis

In späteren Jahren verändert sich die Kulturpflanze in Richtung einer frühen Ernte. In der dritten Saison fangen die Pflanzen an zu gedeihen, nachdem die anfängliche Selektion gewirkt hat und die Überlebenden sich frei kreuzen konnten.

In den ersten drei Jahren meiner Moschata-Kürbis-Landsorte töteten frühe Fröste die Pflanzen 88 und 84 Tage nach dem Pflanzen. Dies führte zu einer starken Selektion hin zu weniger Tagen bis zur Reife.

Die Selektion für eine schnellere Reife meines „Astronomy Domine"-Zuckermaises erfolgte schrittweise über fünf Jahre; sie geschah sowohl durch meine gezielte Auswahl als auch unabsichtlich.

Ich selektierte auf frühere Reife, weil die kurze Saison ein Hauptgrund dafür ist, warum kommerzielles Saatgut bei mir nichts wird.

Die Selektion auf schnellere Reife erfolgt sowohl durch natürliche Selektion als auch durch die Auswahl der Landwirte und der Gemeinschaft. Schneller reifende Pflanzen sind zuverlässiger. Menschen in Gebieten mit heißem Wetter sagen mir, dass die Eigenschaft "Frühe Reifung" auch bei ihnen nützlich ist. Sie können

Das dritte Jahr: (reifer) Winter-Kürbis

die Saison verschieben und in einem Jahr zweimal ernten. Sie können die erste Ernte einfahren, bevor sie durch Käfer, Krankheiten, Wetter oder Tiere zerstört wird. Später im Buch gibt es einen Abschnitt, der der Verschiebung der Jahreszeiten gewidmet ist.

Die Selektion erfolgt am schnellsten bei genetisch vielfältigen Sorten, die sich gegenseitig befruchten. Genetische Vielfalt ist wichtig, weil sie den Pflanzen genetische Werkzeuge gibt, um die Welt auf verschiedene Art zu bewältigen. Sexuelle Freizügigkeit (bei der Samen durch die Bestäubung von zwei nicht eng verwandten Pflanzen entstehen) ist wichtig, weil so neue genetische Kombinationen schneller getestet werden können.

Es gibt eine Tabelle im Anhang, in der Sorten zusammengestellt sind in der Reihenfolge der Leichtigkeit, mit der sie sich in Landsorten verwandeln lassen. Im Kapitel über promiske Bestäubung beschreibe ich, wie man die Kreuzung zwischen Arten erleichtert, die sich selten fremdbestäuben.

Die Entwicklung von Landsorten geht am schnellsten mit Arten, die sich fremdbestäuben, wie Mais, Kürbis, Melonen, Gurken, Spinat, Fava-Bohnen, Stangenbohnen und Kohlarten. Fremdbestäubung (Auskreuzung) definiere ich als das bereitwillige Teilen von Pollen untereinander.

Besser schmeckendes Essen

Indem ich meine eigenen Samen Jahr für Jahr gewinne, basierend auf den Pflanzen, die mir am besten schmecken, entwickle ich Gemüsesorten, die mir gut schmecken.

Industrie-Sorten schmecken oft scheußlich. Ich wundere mich, wie Menschen ein so fad schmeckendes Pseudo-Essen ertragen können? Viele der in den Lebensmittelmärkten angebotenen Arten von frischem Obst und Gemüse sind für mich ungenießbar.

Als eine Universität einmal eine Umfrage unter meinen Kunden durchführte, war ich perplex über den Hauptgrund, der für den Kauf meiner Lebensmittel genannt wurde. Ich hatte gedacht, sie würden sagen, weil es aus biologischem Anbau stammt oder weil es lokal produziert wurde; vielleicht auch, weil es am Abend vor dem Markttag geerntet wurde. Nö! Die Leute kauften mein Gemüse hauptsächlich wegen des Geschmacks. Ich fing an, bei der Selektion köstlichen Aromen größere Aufmerksamkeit zu schenken.

Um den Geschmack meiner Ernte zu erhalten und zu verbessern, probiere ich jede Frucht, bevor ich Samen von ihr nehme. Ich hebe keine Samen von langweilig schmeckenden Eltern auf. Nach ein paar Jahren wurde der Geschmack auf meinen Körper und meine Vorlieben und Abneigungen zugeschnitten. Ich glaube, dass meine Essenspräferenzen typisches Verhalten von Primaten widerspiegeln. Indem ich Geschmacksrichtungen auswähle, die mich ansprechen, wähle ich Geschmacksrichtungen aus, die meiner Gemeinschaft gefallen.

Hoher Carotin-Gehalt schmeckt gut

Ich bitte die Einheimischen, die meine Feldfrüchte essen: „Wenn irgendetwas außergewöhnlich schmeckt, gib mir bitte Samen zurück." Köche geben Samen von Früchten zurück, die gut schmecken, zusammen mit einem Stück der Frucht. Ich schmecke es auch. Sie scheiden Samen von Früchten aus, die sie nicht mögen. Ich frage das Gleiche meine Freunde, Familien- und

Gemeinschaftsmitglieder. Auf diese Weise basieren die Aromen auf der Auswahl einer Gemeinschaft und nicht nur auf den speziellen Vorlieben irgendeines einzelnen Menschen.

Es gibt viele Faktoren, die zum kulinarischen Profil eines Gemüses beitragen: Faserigkeit, Mundgefühl, Süße, Bitterkeit, Farbe, Aroma, Textur und mehr. Ich achte auf alle.

Ich liebe den Geschmack von stark färbenden Carotinen in meinem Essen. Wenn ich Kürbisse in leuchtendem Orange wähle, finde ich sie schmackhafter.

Beta-Leser dieses Buches schlugen vor, ich solle den Geschmack von Carotinen beschreiben; aber ich kann keinen bestimmten Geschmack benennen. Wenn ich Nahrungsmittel mit hohem Carotingehalt esse, fühle ich Zufriedenheit, Freude und Befriedigung. Es fühlt sich an, als würde mein Körper eine Flut von Wohlfühl-Stoffen freisetzen, um mich zu ermutigen, nach ähnlichen Lebensmitteln zu fahnden.

Im Laufe der Jahre habe ich unabsichtlich Kürbisse selektiert, die leicht zu schneiden sind. Weil ich jede Frucht probiere, bevor ich Samen nehme, schneide ich auch jede Frucht an. Wenn ein Kürbis zu schwer zu schneiden oder zu kauen war, habe ich ihn lieber auf den Kompost geworfen, anstatt Samen von ihm aufzuheben. So kam es, dass es eine Freude wurde, auch Kürbis in der Küche zu nutzen, deren Schale nicht essbar ist.

Genau wie der Kürbis wurden die Zuckermelonen im Laufe der Jahre viel bunter und schmackhafter. Als ich anfing, Melonen anzubauen, nannte ich sie Cantaloupes, weil sie auf der Samenpackung so genannt wurden. Im Supermarkt werden alle Dinge, die ähnlich aussehen, gleich benannt. Ich nenne meine Melonen heute Aroma-Melonen, weil sie nicht dasselbe sind, was die Läden verkaufen. Meine Melonen sind hyper-aromatisch. Sie sind süß wie sie nur sein können.

Die Textur ist so weich, dass ich sie Schmilzt-im-Mund nenne. Ihre Aromen sind kräftig. Ich könnte aufgrund ihre Weichheit 20 % der Früchte verlieren, bevor sie auf dem Markt ankommen; aber die glücklich machenden Geschmäcker und Aromen entschädigen für solche Verluste mehr als genug.

Ich mag bitteren Salat wirklich nicht, und deshalb ist es meine Absicht, jede Salatpflanze zu probieren, bevor ich Samen von ihr gewinne. Wenn eine Pflanze bitter schmeckt, sondere ich sie aus. Die Bitterkeit im Salat ist ein Gift. Als ich diese Verkostung zum ersten Mal an mehreren hundert Salatpflanzen durchgeführt habe, wurde mir schlecht. Ich wurde vorsichtiger beim Probieren: Wenn ich nur den leisesten Verdacht von Bitterkeit verspüre, spucke ich ihn aus. Irgendwann habe ich gelernt, dass dicker Milchsaft ein Zeichen für bitteren Salat ist; deshalb ist die Verkostung heutzutage weniger wichtig, da ich die Inspektion visuell durchführen kann.

Weniger Stress

Indem ich eigene Landsorten-Samen ernte, verringere ich Stress. Ich muss mir keine Gedanken über die Kosten von Saatgut, Giften oder Düngemitteln machen. Aufzeichnungen oder Stammbäume sind unwichtig. Ich muss nicht aufpassen, dass meine Samen rein bleiben und sie geschützt gewinnen. Ich kann Samen von Hybriden verwenden und Sorten sich mischen lassen. Ich komme nicht aus dem Gleichgewicht, wenn der Saatgut-Katalog meine Lieblingssorte ausmustert oder wenn ein Sorten-Name oder die jüngste Züchtungsgeschichte einer Pflanze verloren geht. Ich mache mir keine Sorgen, ob ich etwas ernten werde. Ich mache mir keine Sorgen, ob irgendeine Lieferkette unterbrochen wird.

Moderne Inzucht-Sorten sind zum Schutz auf synthetische Chemikalien angewiesen. Landsorten sind für die Ertragssicherheit ausschließlich auf genetische Variabilität angewiesen.

Später in diesem Buch widme ich einen Abschnitt der Sortenreinheit, Isolationsabständen und den Mindestgrößen von Populationen. Ich werde hier nicht weiter darauf eingehen; ich möchte nur noch erwähnen, dass die Empfehlungen, die üblicherweise in Gartenbüchern zu lesen sind, für Mega-Saatgutunternehmen gedacht sind, die stetig wachsen, um die ganze Welt zu beliefern. Die Saatgut-Standards sind anders für jemanden, der Samen nur für seinen eigenen Garten oder sein Dorf gewinnt.

Wenn die Wilde Möhre meine Karottensamen-Ernte kontaminiert, rupfe ich die paar Prozent an unerwünschten Sämlingen aus. Kein Schaden angerichtet. Kein Problem. Kein Stress.

Ich beschließe, Aufzeichnungen zu minimieren. Ich beschränke die Beschriftung auf dem Saatgut-Glas auf eine kurze Beschreibung der Sorte und auf das Anbaujahr. Wenn ich Schwesterlinien ziehe, die im Feld schwer zu unterscheiden sind, würde es helfen, wenn ich eine Pflanzkarte mache, damit ich weiß, welche Linie wo wächst. Ich mache viele Fotos vom Garten während der Vegetationsperiode. Abgesehen davon habe ich mich entschieden, Stress zu verringern, indem ich keine Aufzeichnungen mache. Alle Nutzpflanzen-Arten, die ich derzeit anbaue, wurden von Pflanzenbauern entwickelt, die nichts schriftlich festhielten. Pflanzenzüchtung mache ich lieber als Künstler, statt als Wissenschaftler. Ich singe für die Pflanzen. Ich tanze auf den Feldern. Ich mache künstlerische Fotos. Ich veranstalte Festivals und Partys zu Ehren der Jahreszeiten, der Pflanzen, des Bodens und des Wassers. Ich mache Musikinstrumente aus den Pflanzen.

Wenn ich Pflanzen im Landsorten-Stil anbaue, ist es in Ordnung, bei einigen Arten Samen von Hybriden zu nutzen. Die Nachkommen können variabel sein, sie können genetische Probleme wie männliche Sterilität haben. Ich muss mir wegen solcher Sachen keinen Stress machen. Später bleibt immer noch genug Zeit, um die Eigenschaften auszuwählen, die ich haben möchte.

Ich achte nicht darauf, ob Sorten rein bleiben oder ob sie von unerwünschten Pflanzen befruchtet werden; denn beim Gärtnern mit Landsorten ist es geradezu eine Tugend, Dinge zu vermischen.

Das erste, was ich mache, wenn ich eine neue Sorte bekomme, ist, ihren aktuellen Namen und ihre Herkunftsgeschichte zu vergessen. Das beseitigt den Stress, die Namen und Geschichten im Kopf zu behalten. Es macht Spaß, jede Pflanze in jeder Generation eine neue Geschichte erzählen zu lassen. Die Geschichte jeder Sorte reicht zehntausend Jahre zurück, erzählt von Tausenden von Saatgut-Hütern. Es schmälert ihre wahre Geschichte, wenn nur der winzige Bruchteil ihrer Geschichte erzählt wird, der mit dem Sorten-Namen auf der Saatgut-Packung verbunden ist.

Auch als Landsorten-Gärtner habe ich Ernteausfälle; aber sie sind weniger häufig als bei Samen, die ich zufällig irgendwo kaufe.

Einige Typen innerhalb meiner Landsorten gedeihen in heißeren, trockeneren Sommern. Andere kommen mit kühleren, feuchteren Sommern besser zurecht. Indem ich immer Pflanzen von mehreren Typen gleichzeitig anbaue, verringere ich das Risiko, dass in einer Anbausaison eine Sorte komplett versagt.

Ich mache mir weniger Sorgen über Unterbrechungen der Lieferkette aufgrund von Katastrophen oder politischer Maßnahmen. Es besteht immer noch ein Risiko, da viele meiner Pflanzen von der Bewässerung abhängen. Ich züchte einige Arten mit alternativen Methoden, die keine Bewässerung erfordern. Dieses Buch enthält weiter hinten noch ein Kapitel, das alternative Anbaumethoden und Nutzpflanzen untersucht.

Wassermelone: Landsorte (riesig) vs. kommerziell (winzig)
Am selben Tag gepflanzt, einige Meter voneinander entfernt

Außergewöhnlich schmackhafte Taglilienblüten

Zukkini (Zucchini): Sommer- oder Winterkürbis

Alte Sorten, Hybriden und Landsorten

Dieses Kapitel untersucht die verschiedenen Begriffe, die verwendet werden, um zu beschreiben, wie Samen gezogen werden und was die Ausdrücke bedeuten. Die Welt der Saatgutgewinnung verwendet Wörter oft auf eine Weise, die ihrer einfachen Bedeutung zuwiderläuft. Die Menschen ordnen den Begriffen Werte von Gut oder Böse zu und weigern sich dann, Samen zu verwenden, die vollkommen wunderbar sind, nur weil sie glauben, sie könnten böse sein. Oder sie suchen nach heiligen Samen, ohne sich darüber im Klaren zu sein, dass Heilige eine Antwort auf Finsternis darstellen.

Heirloom-, Erbstück-, Haus- oder Hofsorte

Ein Erbstück ist eine Sorte, die durch jahrzehntelange Inzucht entstanden ist und durch kontinuierliche Inzucht erhalten wird. Es war vielleicht die perfekte Sorte für eine Familie oder einen Stamm, der vor sehr langer Zeit an einem weit entfernten Ort lebte. Da Erbstücke von einem ganz anderen Ort und aus einer anderen Zeit stammen, fehlt ihnen oft die genetische Ausstattung, um mit modernen Bedingungen fertig zu werden. Sie können eine faszinierende Geschichte haben, die sachlich wahr sein kann oder auch nicht. Die Geschichten tragen nicht zum Wachstum, zur Produktivität oder zum Geschmack einer Pflanze bei. Die Geschichte einer Inzucht-Sorte aus entfernter Zeit und weit entferntem Ort ernährt eine Gemeinschaft nicht. Die Geschichten, die eine Gemeinschaft ernähren, handeln von unserem liebevollen, herzlichen, gemeinsamen Weben am immerwährenden Netz des Lebens in all seinen sich ständig wandelnden Facetten.

Ich habe eine Abneigung gegen die Erhaltung von Erbstücken. Sie führt zu einer „Inzuchtdepression", d. h. zu einem Verlust an Wüchsigkeit, dem ein Organismus durch Inzucht ausgesetzt ist.

Ich denke, dass die bestmögliche Methode zur Erhaltung von Erbstück-Sorten darin besteht, diese Pflanzen aktiv anzubauen und Saatgut von ihnen zu gewinnen, ihren Genen zu erlauben, mit dem Klima, den Schädlingen, den Gewohnheiten der Landwirte und den Vorlieben der Gemeinschaft in Interaktion zu treten und sich zu verändern, so, wie Saatgut seit Beginn seiner Nutzung erhalten wurde.

Offen bestäubt

Der Terminus „offen bestäubte" (samenfeste) Sorten wird gemeinhin so verstanden, dass man Samen von ihnen gewinnen kann und die Pflanzen, die aus ihnen entstehen, im nächsten Jahr genauso aussehen wie im Jahr zuvor. Das ist richtig, aber nur, weil solche, „offen" bestäubten Sorten nur durch sich selbst oder von genetisch identischen Pflanzen bestäubt werden dürfen, d. h. durch Inzucht in ihrer Form erhalten bleiben. Die Bestäubung ist also nicht offen, sondern gelenkt.

Die gefühlsmäßige und unvoreingenommene Bedeutung des Ausdrucks "offen bestäubt" wäre, dass es zu Kreuzungen kommen könnte, die aber zu genetischer Vielfalt und damit zu abweichenden Phänotypen führen würde. In der Praxis werden die „offen" bestäubten Pflanzen jedoch isoliert, um Kreuzungen mit anderen Sorten zu verhindern. Konsequent isolierte Sorten verlieren an genetischer Vielfalt. Nur aufgrund der geringen genetischen Vielfalt sehen sie von Jahr zu Jahr einheitlich aus.

Deshalb vermeide ich den Begriff „offen bestäubt" (samenfest), weil ich klar unterscheiden möchte zwischen dem Inzucht-System, das mit „offen bestäubt" heute gewöhnlich gemeint ist, und dem

Auskreuzungssystem, auf dem das Gärtnern mit Landsorten beruht. Ich verwende lieber die Begriffe promisk bestäubt, inter-bestäubt, fremdbestäubt oder kreuz-bestäubt. Ich möchte damit hervorheben, dass allein durch diese Bestäubungsarten die genetische Vielfalt gefördert wird.

Die Fremdbestäubungsrate variiert stark zwischen den Arten und sogar innerhalb von Sorten derselben Art. Ich pflanze verschiedene Sorten zusammen, um die Auskreuzung so weit zu fördern, wie es den Sorten möglich ist.

Wenn man Samen verwendet, die bei natürlich vorkommenden Kreuzungen entstanden sind, führt das auf Dauer zu höheren Fremdbestäubungsraten, da man auf leichtere Fremdbestäubung selektiert. Umgekehrt führt die Erhaltung der Reinheit von Erbstücken zu niedrigeren Fremdbefruchtungsraten.

F1-Hybriden

Hybriden entstehen immer dann, wenn sich zwei Pflanzen kreuzen, die nicht eng miteinander verwandt sind. Die Saatgut-Industrie liebt es, zwei stark durch Inzucht vermehrte Eltern miteinander zu kreuzen. Dies führt zu Nachkommen mit sehr einheitlichen Merkmalen; oft sind sie eine Mischung der Merkmale der Eltern, manchmal ist ein Merkmal bestimmend, wenn das Merkmal eines Elternteiles dominant ist.

In der nächsten Generation ordnen sich die Gene neu und die Eigenschaften der Großeltern werden zufällig auf die Nachkommen verteilt. Wenn die Ausgangssorten vielfältig waren, dann ist diese Generation ebenso vielfältig, da sich die Mischungsmerkmale und die dominanten Merkmale auf neue Weise zusammensetzen.

Die Hybriden, die von den Mega-Saatgutfirmen hergestellt werden, stammen von hochgradig ingezüchteten Linien ab; die Vielfalt der Hybrid-Sorten ist daher mehr Schein als Realität. Trotzdem mag ich es, mit den Nachkommen kommerzieller Hybriden weiterzuarbeiten, weil neue Phänotypen und neue genetische Kombinationen auch bei ihnen üblich sind.

Pflanzen verlieren durch Inzucht an Vitalität. Manchmal heben Leute die besondere Wüchsigkeit (Heterosis-Effekt) hervor, die Hybride besitzen. Sie schwärmen davon, als wäre das eine wunderbare, außergewöhnliche Sache. In Wirklichkeit bedeutet es nur, dass die Hybriden besser wachsen als jeder ihrer Eltern, die einen hohen Inzuchtwert hatten. Das bedeutet nicht, dass die Hybriden besser wachsen als Pflanzen, die nie durch Inzucht vermehrt wurden. Eine genauere Benennung dieses Phänomens wäre desbalb bestenfalls: „Teilweise Aufhebung der Inzuchtdepression".

Die Hybride einiger Pflanzenarten, die von kommerziellen Hybridzüchtern hergestellt werden, sind männlich steril. Sie produzieren keine Pollen aufgrund eines Defekts in bestimmten Zellorganellen der Pflanze. Da diese Organelle nur von der Mutterpflanze an die Nachkommen weitergegeben werden, ist die Sterilität dauerhaft. Das Phänomen wird als cytoplasmatische männliche Sterilität (Cytoplasmic Male Sterility, CMS) bezeichnet. Es ist eine kostengünstige Möglichkeit, Hybriden herzustellen, da die männlich sterilen Blüten zwar weibliche, aber keine männlichen Geschlechtszellen (Pollen) bilden und sich somit nicht selbst bestäuben können. Der Preis für diese billige Methode ist, dass die Nachkommen dauerhaft männlich steril sind.

In Fällen, in denen die Pflanzen Früchte oder Samen bilden müssen, werden Gene eingesetzt, die die Fruchtbarkeit wiederherstellen können, so genannte „Restorer"-Gene. Ich finde es kompliziert, auf Dinge wie Restorer-Gene achten zu müssen, um Samen gewinnen zu können. Ich ziehe es vor, voll funktionsfähige

Pflanzen in meinem Garten zu haben; deshalb untersuche ich routinemäßig die Blüten in meinem Garten und entferne Pflanzen, die keine Staubbeutel oder defekte Staubbeutel haben. Bei Karottenblüten fehlen bei männlich sterilen Pflanzen üblicherweise die Staubbeutel ganz.

Männlich sterile Karottenblüte

Fertile Karottenblüte

Bevor ich mir der Cytoplasmatischen Männlichen Sterilität bewusst wurde, waren 70 % meiner Karotten-Landsorte männlich steril. Sie sind gut gewachsen; denn die fruchtbaren Pflanzen produzierten mehr als genug Pollen. Aber es gefällt mir nicht, teilweise sterile Pflanzen zu züchten; deshalb untersuche ich nun jedes Jahr meine Karotten-Landsorte und entferne alle Pflanzen, denen Staubbeutel fehlen. Ich achte nun auch auf diesen Defekt, wenn ich neue Sorten in meinen Garten einbringe.

Kommerzielle Hybriden der folgenden Arten enthalten im Allgemeinen eine cytoplasmatische männliche Sterilität: Brokkoli, Kohl, Rettich, Zwiebel, Karotte, Rübe und Sonnenblume. Ich empfehle, keine kommerziellen Hybriden von diesen Arten in einen Garten aufzunehmen, der Landsorten verwendet. Weitere Sorten sind im Anhang aufgeführt.

Hybriden von Brassica(Kohl)-Artigen können auch hergestellt werden, indem ihre Selbstinkompatibilität genutzt wird. Ich kann sie verwenden, nachdem ich ihre Blüten auf normale Pollenproduktion untersucht habe.

Hybriden der folgenden Nutzpflanzen sind im Allgemeinen frei von wirksamer CMS: Tomate, Gurke, Kürbis, Mais, Wassermelone, Melonen und Spinat.

Ein weiteres Merkmal kommerzieller Hybriden ist, dass sie von synthetischen Chemikalien und Düngemitteln abhängig geworden sind. Sie gedeihen möglicherweise nicht, wenn sie in organischen Systemen angebaut werden. Ich füge meinem Garten nur Wasser hinzu. Ich möchte nicht, dass meine Pflanzen von kostspieligen Inputs abhängig sind.

Die Eltern von kommerziellen Hybriden wurden ausgewählt, um hervorragende Nachkommen zu produzieren. Die Enkelkinder werden wahrscheinlich großartige Pflanzen sein. Es wurde viel Mühe aufgewendet, ihre hervorragenden Eigenschaften zu identifizieren. Wir können diese hervorragenden Eigenschaften ganz wunderbar in unsere Landsorten integrieren, solange sie daneben keine schädlichen Eigenschaften, wie die CMS, einbringen.

Freelance-Hybriden

Ich verwende den Begriff „Freelance-Hybriden", um die Ad-hoc-Hybriden zu beschreiben, die von Gärtnern per Hand hergestellt werden. Sie können künstlerisch hergestellt werden, ohne strenge Regeln zu befolgen.

Für den Kleinbauern und Gärtner sind Hybriden mit einfachen Werkzeugen und Techniken leicht zu erzeugen. Nimm Pollen von einer Pflanze und trage ihn auf die Narbe einer anderen auf. Die Blütenteile können klein sein, aber mit den richtigen Vergrößerungs- und Manipulationswerkzeugen ist der Prozess unkompliziert.

Eigene Hybriden können z. B. hergestellt werden, um Merkmale verschiedener Sorten zu einer neuen Sorte zu kombinieren. Sie können aus Spaß an der Freude und zum Testen gemacht werden. Sie könnten sogar auf dem Weg zu Professionalität oder zum Gelderwerb gemacht werden. Ich werde später in diesem Kapitel einige Beispiele bringen.

Wenn wir selbst Hybride herstellen, erhöhen wir damit auch die genetische Vielfalt und die lokale Anpassungsfähigkeit.

Wir können eigene Hybride sowohl innerhalb als auch zwischen verschiedenen Arten herstellen. Dieses Kapitel schließe ich mit der Beschreibung einiger meiner persönlichen Kreuzungsfavoriten.

Pflanzenbiologie ist eine unscharfe Wissenschaft. Industriegeprägte Menschen mögen es, wenn die Dinge eindeutig schwarz oder weiß sind. Die biologische Welt ist aber voller Abstufungen. Es gibt so viele Grautöne bei jedem Aspekt der Biologie. Dies wird besonders deutlich, wenn wir spielerisch Hybriden aus genetisch unterschiedlichen Eltern herstellen.

Hybriden durch promiske Bestäubung

Bei den Kulturpflanzen, die ich anbaue, fördere ich die Fremdbestäubung, was ich promiske Bestäubung nenne. Das bedeutet z. B., Sorten mit unterschiedlichen inneren oder äußeren Eigenschaften zusammenzupflanzen, damit sie sich leichter kreuzen können. Ich habe kein Labor für DNA-Experimente. Ich weiß nichts über den genetischen Bauplan meiner Pflanzen. Wenn ich Samen von unterschiedlichen Phänotypen zusammen aussäe, denke ich, dass ich genetische Vielfalt bekomme. Bei den Feldfrüchten, die sich stark fremdbestäuben, wie Mais, Kürbissen und Spinat, liegt es in ihrer Natur, sexuell freizügig (promisk) zu sein.

Tomaten, Erbsen, Flachs, Salat, Getreide und gewöhnliche Garten-Bohnen bestäuben sich zumeist selbst (und betreiben somit Inzucht);

deshalb produzieren sie selten Hybride. Die Fremdbestäubungsraten liegen je nach Wetter, Insektenpopulation und Sorte bei diesen Fruchtarten bei etwa 0,5 bis 10 %. Die Selektion auf Sortenreinheit und Inzuchtverträglichkeit führte unbeabsichtigt zu diesen niedrigen Kreuzungsraten. Im Anhang befindet sich eine Liste, in der die Fremdbefruchtungsraten bei häufig genutzten Arten zusammengestellt sind.

Salat: Wild (links), hybrid (Mitte), Kultursorte (rechts)

Immer wenn eine dieser seltenen Naturhybriden auftaucht, gebe ich ihr einen besonderen Platz im Garten. Das Pflanzen der Nachkommen von Hybriden bietet mehr Möglichkeiten, Pflanzen zu finden, die in meinem Garten wirklich gedeihen. Wenn ich Samen von Hybriden aussäe, die natürlich entstanden sind, selektiere ich damit Pflanzen, die eine höhere Wahrscheinlichkeit für Fremdbestäubung haben als ihre Artgenossen.

Die meisten Weizenpflanzen setzen ihre Staubbeutel nicht dem Wind aus (sie bestäuben sich selbst); aber ich entdeckte einige Weizenpflanzen, die viele Staubbeutel außerhalb der Blüte zeigten. Wenn ich die Pflanzen mit freiliegenden Staubbeuteln markierte und vorzugsweise deren Samen aussäte, konnte ich schnell auf eine höhere Auskreuzungsrate selektieren.

Um die Auskreuzung/Fremdbestäubung auch bei Tomaten zu fördern, schaue ich mir die Tomatenblüten an und vermehre bevorzugt diejenigen Typen, deren Blüten am weitesten offen stehen.

Die Nachkommen der natürlich hybridisierten Pflanzen bekommen ihre Gene neu geordnet; das bietet der Pflanze mehr Möglichkeiten, sich besser auf das Ökosystem, den Landwirt und die Gemeinschaft einzustellen.

Mein Ururgroßvater, James Lofthouse, entdeckte in seinem Weizenfeld eine natürliche Hybride. Er bewahrte Samen von ihr auf und baute sie in seinem Gemüsegarten an, um sie zu vermehren. Um 1890 präsentierte er sie der Öffentlichkeit. Schließlich

James Lofthouse wurde es der am häufigsten angebaute Weizen in Nord-Utah und Süd-Idaho. Ich baue immer noch „Lofthouse-Weizen" an. Meine Familie profitiert immer noch von dem guten Ruf, der entstanden ist, weil James Samen von einem Hybriden aussäte und unseren Familiennamen mit der Sorte verbunden hat, die daraus entstanden ist.

Da die Bestäubung vor allem im lokalen Bereich stattfindet, fördere ich die Hybridisierung, indem ich verschiedene Sorten nahe beieinander säe; so säe ich z. B. Trocken-Buschbohnen durcheinander. Auch wenn die Kreuzungsrate nur 1 zu 200 ist, finde ich jedes Jahr neue Kreuzungen wegen des geringen Abstands und weil ich auf sie achte.

Kulturgut-Landsorten

Eine genetisch vielfältige, sich freizügig bestäubende Landsorte kombiniert das Beste aus allen Welten und schafft neue Hybriden zwischen lokal angepassten Eltern, wodurch die lokale Anpassung erhalten bleibt und die emotionale Befriedigung entsteht, Pflanzen anzubauen, die sich untereinander bestäuben dürfen.

Wenn die Leute fragen, ob meine Pflanzen Erbstück-Sorten sind, sage ich "Nein", weil das den Schluss nahelegt, dass sie seit mindestens 50 Jahren durch Inzucht vermehrt wurden. Ich nenne meine

Feldfrüchte lieber „Kulturgut-Sorten", was impliziert, dass meine Feldfrüchte genauso wachsen, wie sie schon immer von Menschen angebaut wurden.

Wie Generationen von Pflanzenbauern vor mir bearbeite ich meine Felder einmal im Herbst und einmal unmittelbar vor der Aussaat im Frühjahr. Ich bewirtschafte derzeit ungefähr 3.000 Quadratmeter. Ich besitze kein Land. Ich nutze unbebaute Grundstücke und verwende alle Felder, die in meiner Gemeinde dafür zur Verfügung gestellt werden. Einmal bewirtschaftete ich vier Morgen Land, die über acht Felder in mehreren Gemeinden verteilt lagen. Das bot mir viele Möglichkeiten, Pflanzen isoliert von anderen anzubauen. Ich bewässere 12 Wochen lang während der heißesten Zeit des Sommers. Ich selektiere nicht allgemein nach Trockenheitstoleranz, sondern nur nach Toleranz gegenüber trockener Wüstenluft und intensivem Sonnenlicht.

Die Bodenfruchtbarkeit wird erhalten, indem das Unkraut wieder in den Boden zurückgebracht wird, in dem es gewachsen ist. Ich pflanze in weit voneinander entfernten Reihen, um den Pflanzen genug Platz zu geben, Samen auszubilden. Die meisten Arten säe ich in Reihen, die zwischen drei und 15 Meter lang sind. Ich pflanze etwa 150 bis 500 Reihen Mais, Bohnen und Kürbis; diese größeren Anpflanzungen dienen als Grundnahrungsmittel für meine Gemeinde.

Beispiele

Einige Hybriden sind aufgrund der Natur der Pflanzen einfacher herzustellen als andere. Mais und Kürbis produzieren Hunderte von Samen pro manueller Bestäubung. Die männlichen und weiblichen Blüten sind getrennt, was es einfach macht, Pollen per Hand zu übertragen.

Kichererbsen produzieren ein oder zwei Samen pro Bestäubungsversuch. Der männliche und der weibliche Teil befinden sich in derselben kleinen Blüte und stehen dicht beieinander, was es schwierig macht, Hybriden von Kichererbsen herzustellen.

Mais

Hybriden von Mais sind super einfach zu produzieren. Sie können hergestellt werden, indem verschiedene Sorten nebeneinander gepflanzt werden und die männlichen Blüten (Fahnen) von den Pflanzen, die den weiblichen Elternteil bilden sollen, entfernt werden, bevor sie Pollen freisetzen. Fahnen sind hinterhältig, weil sie sich gern verstecken. Ich entferne die Fahnen am liebsten, indem ich jede Reihe auf beiden Seiten und aus beiden Richtungen abgehe, und das häufig wiederhole. Zu jeder Reihe Vaterpflanzen als Pollenspender säe ich zwei bis vier Reihen Mutterpflanzen.

Ich kombiniere gerne den großartigen Geschmack und die Verlässlichkeit von altmodischem Zuckermais mit dem zucker-erhöhenden Gen. Ich habe meinen Zuckermais "Paradise" genannt, nach meinem Dorf. Besonders süßer Zuckermais ist für mich schwierig anzubauen, da seine Samen in kühler Frühlingserde verfaulen. Der altmodische Zuckermais keimt zuverlässig und wächst kräftig. Ich verwende den altmodischen Zuckermais "Astronomy Domine" als Mutter und einen Zuckermais mit erhöhtem Zuckergehalt wie "Who Gets Kissed" oder "Ambrosia" als Pollenspender-Vater. Die "Paradise"-Nachkommen erben die kräftige Samenschale der Mutter und zusätzliche Süße vom Vater. Auch die Tage bis zur Reife lassen sich verschieben, indem man einen Pollenspender mit mehr oder weniger Tagen bis zur Reife wählt. Nachkommen reifen dann in der Mitte zwischen den Reife-Terminen der Eltern.

Wenn ich meine Hybriden öffentlich verfügbar mache, nenne ich freimütig deren Eltern. Wem das Saatgut gefällt, der kann es entweder in großen Mengen selbst erzeugen oder kleine Mengen bei mir kaufen.

Üblicherweise produziert eine Maispflanze etwa 600 Samen; deshalb ist es leicht, schnell genug Saatgut zu produzieren, um ein ganzes Feld mit Hybrid-Mais zu bestellen.

Spinat

Spinat-Hybriden selbst zu erzeugen, ist kinderleicht. Spinat besitzt männliche und weibliche Pflanzen (er ist diözisch) und wird durch den Wind bestäubt. Um eine Hybride aus zwei Sorten herzustellen, sät man diese Sorten nebeneinander aus. Bevor die männlichen Pflanzen der einen Sorte blühen, werden sie entfernt. Aus den Samen der weiblichen Pflanzen dieser Sorte entstehen dann Hybriden zwischen den beiden Sorten. Die andere Sorte bleibt rein, da die Mutterpflanzen nur von den männlichen Pflanzen der eigenen Sorte bestäubt werden konnten.

Weiblich   Männlich

Blühender Spinat

Die männlichen Spinat-Pflanzen sind leicht durch ihre geringere Größe zu erkennen. Die männlichen Blüten sehen flauschig aus und bewegen sich im Wind an der Spitze der Pflanze. Weibliche Pflanzen sind größer; ihre unscheinbaren Blüten erscheinen weiter unten an der Pflanze und sitzen nahe am Stängel.

Kürbis

Kürbishybriden sind ebenfalls leicht herzustellen, da die großen Blüten einfach zu bearbeiten sind und die Blüten entweder männlich oder weiblich sind.

Verschließe die Blüten am Abend vor dem Öffnen mit Klammern oder Klebeband. Die weiblichen Blüten sind am verdickten Fruchtansatz am unteren Ende zu erkennen. Die Blüten geschlossen zu halten, verhindert, dass Insekten sie mit

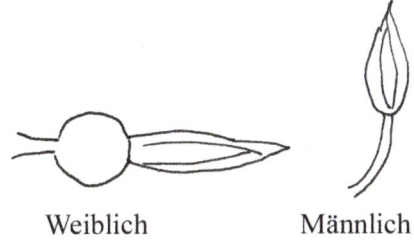

Weiblich   Männlich

Kürbisblüten

unerwünschten Pollen befruchten. Am Vormittag ist die beste Zeit, mit der männlichen Blüte Pollen auf die Narbe der weiblichen Blüte aufzutragen. Verschließe die Blüte anschließend wieder, um Insekten fernzuhalten. Markiere die befruchtete Blüte mit einem Band am Blütenstiel.

Mir gefällt die Kreuzung zwischen Hubbard und Banana sehr gut. Als Pflanzenzuchtprojekt vereint die zweite Generation die Eigenschaften der Großeltern in jeder möglichen Kombination. Mit unterschiedlichen Eltern zu beginnen, ist eine wunderbare Strategie, um sich in der Pflanzenzucht

Hybrid-Kürbis mit Eltern

auszuprobieren. Selektiere anschließend nach dem, was Dir gefällt oder vermehre sie unselektiert weiter.

Eine weitere Möglichkeit, Kürbis-Hybriden herzustellen, besteht darin, bei den "Zuchtpflanzen" die männlichen Blüten konsequent zu entfernen, so dass der Pollen nur von anderen Pflanzen stammen kann.

Landsorten neu erschaffen

Moderne Landsorten entstehen entweder durch eine anfängliche Massenkreuzung von vielen Sorten oder durch einen langsamen und schrittweisen Prozess, bei dem von Zeit zu Zeit einer Population neue Gene hinzugefügt werden.

Um mit Zuchtbemühungen zu starten, empfehle ich, vor allem offen bestäubte und Erbstück-Sorten zu verwenden. Einige Hybriden beizumischen, ist akzeptabel.

Eine Landsorte aus einer anderen Gegend zu verwenden, ist eine hervorragende Möglichkeit, viel Vielfalt mit wenig Aufwand unter den eigenen Bedingungen zu testen. In einer Packung mit 100 Samen meiner Trockenbohnen könnten 40 verschiedene Typen enthalten sein. Einige dieser Typen sollten gedeihen, wo auch immer sie angebaut werden.

Das benutzte Saatgut mag anfänglich nicht lokal oder regional angepasst sein. Es kann aber auch dann eine wertvolle Quelle genetischer Vielfalt sein. Einige Saatgut-Firmen bieten Sorten-Mischungen an, zum Beispiel fünf Sorten Rettich in einer Saatgut-Packung. Dies ist eine kostengünstige Möglichkeit, einer Landsorte Vielfalt hinzuzufügen. Eine Packung Suppenbohnen mit 15 Bohnentypen aus dem Lebensmittelhandel ist von erstaunlichem Wert, wenn sie als Saatgut verwendet wird.

Samen, die von Nachbarn und lokalen Bauern stammen, sind ein Schatz. Sie sind bei der Anpassung an die eigenen Umweltbedingungen bereits mindestens ein Jahr voraus. Ich bin angetan von Samen, die ich auf einem lokalen Bauernmarkt erstehe, wo die Bauern nur Gemüse verkaufen dürfen, das sie auf ihrem eigenen Hof geerntet haben.

Aufgrund der cytoplasmatischen männlichen Sterilität (CMS) empfehle ich, für Landsorten keine Hybriden von Karotten, Kohl, Brokkoli, Zwiebeln, Rüben und Kartoffeln zu verwenden; die folgenden Arten sind als Hybriden aber brauchbar: Spinat, Melone, Kürbis und Tomate. Ich empfehle eine routinemäßige Durchsicht der blühenden Samenpflanzen, um diejenigen zu entfernen, die keine funktionsfähigen Staubbeutel besitzen.

Im Anhang befindet sich eine Tabelle, in der die Arten danach bewertet sind, wie leicht sich bei ihnen Landsorten bilden lassen; außerdem ist angegeben, bei welchen Arten CMS üblich ist.

Grex

Ein Grex ist ein Haufen Sorten, die zusammen wachsen. Um einen Grex zu bilden, sät man Samen von einer Kulturpflanzenart aus verschiedenen Quellen und Sorten in ungefähr gleichen Mengen aus. Gewöhnlich sät man die Samen von 5-50 Sorten zusammen aus, um eine anfängliche Massenkreuzung möglich zu machen; das Ergebnis einer solchen Massenkreuzung wird dann als Grex bezeichnet.

Mit der Zeit wird ein Grex eine neue Proto-Landsorte. Die Landsorte passt sich jedem Garten und jeder Region an, indem die am besten Angepassten überleben. Landsorten, die darauf selektiert sind, in meinem trockenen, sonnigen Garten in großer Höhe zu gedeihen, wachsen viel besser als Samen aus dem Geschäft, die in weit entfernten Klimaverhältnissen, mit andersartigen Böden, Schädlingen, Krankheiten und Anbaumethoden produziert wurden.

In meinem Garten ist es normal, dass etwa 75-95% der neu eingebrachten Sorten keine Samen ausbilden.

Schrittweise Änderung

Landsorten können auch allmählich entstehen, indem die Samen von allen Pflanzen aufgehoben werden, die, wie auch immer, das Jahr überleben; im nächsten Jahr werden diese Samen ausgesät und eine neue Sorte in die nächste Reihe gesät. Wenn die neue Sorte gut wächst, mische ich ihr Saatgut unter das der Landsorte.

Landsorten können mit einer zufälligen Kreuzbestäubung beginnen. Bevor ich von Landsorten wusste, erschien ein ungewöhnlicher Kürbis unter meinen „Burgess"-Buttercup-Kürbissen (Cucurbita maxima). Ihre Früchte waren immer dunkelgrün gewesen. Nun tauchte plötzlich ein oranger Kürbis auf. Möglicherweise war es eine natürlich entstandene Hybride mit „Red Kuri". Ich mag weder den Geschmack noch den geringen Ertrag von „Red Kuri". Die neue Hybride schaute aber wunderbar aus. Sie schmeckte wunderbar. Sie war ertragreich. Was könnte man daran nicht mögen? So habe ich die Samen des neuen Hybrid-Buttercups ausgesät und aufgehört, meinen ursprünglichen „Burgess" anzubauen. Die neue Variante habe ich „Lofthouse-Buttercup" genannt (Version 2 meines Buttercups).

Ein paar Jahre später kreuzte sich ein „Hopi White" aus einigen hundert Metern Entfernung in den Buttercup ein. Er hat Gene für helle Schalenfarbe beigetragen. Ich selektierte auf den fabelhaften Buttercup-Geschmack und auch auf die Buttercup-Form. Ich habe bevorzugt Samen der neuen Farben ausgesät. Ich habe ihm keinen neuen Namen gegeben, ich nenne ihn weiterhin „Lofthouse-Buttercup" (Version 3).

Mein Popcorn-Mais (Zea mays) stammt aus einer Kreuzung eines einfachen gelben Popcorns mit einem dekorativen, vielfarbigen Mais. Ich liebe vielfarbige Körner im Popcorn. Das ist eine Kreuzung, die ich nicht mit Absicht vornehmen würde; denn es machte viel Mühe, wieder auf die Eigenschaft „Gutes Aufpoppen" zu selektieren.

Version 2 (linke Seite)
Version 3 (rechte Seite)

Es ist leichter, wenn ich keine Eigenschaften einbringe, die später wieder ausgemerzt werden müssen. Ich achte deshalb z. B. darauf, dass keine scharfen Paprika neben milden wachsen. Manche scharfen Paprika wachsen bei mir besonders gut, so dass es von Vorteil sein könnte, sie mit milden Paprika zu kreuzen und anschließend wieder auf süße, milde, gut wachsende Paprika auszulesen; aber ich möchte mir nicht zuviel Extra-Arbeit machen.

Stabilität

Ich mag vielfarbige und vielgestaltige Früchte. Ich mag aber auch die Annehmlichkeiten altvertrauter Gewächse. Als ich eine Landsorte der Krummhals(„Crookneck")-Kürbisse (Cucurbita pepo, Sommerkürbis) schuf, bezog ich ein Dutzend Sorten von Crooknecks mit ein. Einer von ihnen stammte aus dem erstaunlich diversen "Long Island Seed Project". Ken Ettlinger hat genetisch vielfältige, frei abblühende Kulturen gezüchtet, lange bevor ich auf diese Idee kam.

Ich wollte, dass mein gelber Krummhals-Kürbis vollkommen gelb und vollkommen krummhalsig war, wie die aus meiner Kindheit. Mich kümmert nicht, wie die Blätter aussehen, oder ob die Pflanzen halb rankend sind anstatt buschförmig. Ich selektiere nach den Eigenschaften, die ich haben will, und lasse alles andere variabel.

Samenfeste Duft-Melonen

Meine Honigmelonen (Cucumis melo) sind auf genetzte Schale und oranges Fleisch ausgelesen. Sie gehören zu derselben Art wie die „Honeydew"-Melonen, die eine glatte Haut und grünes Fleisch haben. Ich bin nostalgisch und wollte altmodisch aussehende Honigmelonen. Ich ziehe die grün-fleischigen Melonen deshalb auf einem anderen Feld, um zu verhindern, dass sie sich mit meinen orange-fleischigen verkreuzen.

Ich pflege Speiserüben (Brassica rapa subsp. rapa) als „Violette Schulter-Weiße Kugel". Es hat mich nie interessiert, andersfarbige Speiserüben einzumischen. Meine Landsorten haben so viel Stabilität oder so viel Variabilität, wie ich will. Gewöhnlich setze ich auf eine breite Auswahl an Phänotypen, aber manchmal schätze ich eben ein bestimmtes, stabiles Äußeres.

Violette-Schulter-Weiße-Kugel-Speiserübe

Bei Mais habe ich Hunderte von Sorten zusammengekreuzt. Sorten aus Südamerika, alte Sorten aus Nordamerika, Popcorn, Zuckermais, Flint-Mais, Mehl-Mais. Dann habe ich wieder nach all diesen Typen ausgelesen. Wenn ich heute eine Mehl-Maissorte dazumischen will, säe ich sie nur auf den Flecken mit meinem Mehl-Mais. Ich versuche den Phänotyp um den weich-kernigen Mehl-Mais herum stabil zu halten.

Aufzeichnungen

Eine Strategie, die für mich wirklich gut funktioniert, ist, Saatgut von Landsorten eher als Künstler zu gewinnen denn als Wissenschaftler. Ich habe Jahrzehnte als analytischer Chemiker gearbeitet. Ich führte dabei detaillierte, sorgfältige Aufzeichnungen. Mit dieser Geisteshaltung eines Wissenschaftlers habe ich die Pflanzenzüchtung dann begonnen.

Gelber Crookneck-Kürbis

Jede Pflanzenart sorgte jedes Jahr für Hunderte von Saatgut-Packungen, zig Seiten Notizen und jede Menge Fotografien. Es war aufreibend und entmutigend. Als ich begriff, dass ich mehr Zeit mit dem Führen von Aufzeichnungen verbrachte als mit dem Pflanzenbau, habe ich sofort mit der Buchführung aufgehört. Heute geht alles Saatgut einer Kultur in ein Einmachglas. Hunderte von Samenpäckchen wurden zu einem Glas mit Saatgut pro Pflanzenart. Das hat mir Zeit verschafft, zu singen, zu tanzen und im Garten zu spielen. Ich bin glücklich, Pflanzenzüchtung wie ein Künstler zu betreiben.

Auf einer Saatgut-Konferenz hatte eine Freundin 1000 Sorten von Bohnen auf dem Tisch, jede Sorte sorgfältig getrennt von den anderen in einem eigenen Kästchen. Sie wollte mich necken und sagte: „Schaut her, Joseph hat auch 1000 Bohnensorten mitgebracht." Ich hielt ein Einmachglas hoch gefüllt mit 1000 Bohnensorten, bunt durcheinandergewürfelt. Ich säe, pflanze, ernte und koche sie zusammen. Manche bleiben beim Kochen fest. Andere werden weich und dicken die Brühe an. Eine angenehme Kombination von Eigenschaften.

Gartenbohnen (Phaseolus vulgaris) befruchten sich normalerweise selbst. Jeder Typ kann aus der Gesamtmenge aussortiert werden und lässt sich so kinderleicht in eine Sorte verwandeln.

Die Nahrungspflanzen, die ich anbaue, wurden in erster Linie von Leuten geschaffen, die weder lesen noch schreiben konnten. Wenn ich keine Aufzeichnungen führe, trete ich in eine Tradition ein, die älter ist als der Ackerbau.

Ich habe Spaß daran, die Namen und Geschichten, die an den Sorten hängen, sausen zu lassen. Das befreit mich und macht mich bereit, eine persönliche, intime Beziehung mit den Samen einzugehen. Es hilft mir, jede Pflanze ehrlich nach den ihr eigenen Qualitäten zu beurteilen, weil ich nicht durch Namen und Geschichten voreingenommen bin. Jede Beziehung ist frisch und neu in jeder Generation.

Saatgut-Tauschbörsen

Saatgut-Tauschbörsen sind ein preiswerter Weg, um den Landsorten der verschiedenen Pflanzenarten genetische Vielfalt hinzuzufügen. Ich kümmere mich nicht viel um besondere Eigenschaften von besonderen Sorten. Ich strebe nach genetischer Vielfalt. Dann vollziehen Pflanzen und Ökosystem eine Auswahl nach dem Prinzip "Die am besten Angepassten überleben". Ich mische nicht gerne Zuckermais mit Mehlmais; aber innerhalb solch weit gefasster Richtlinien ist so ziemlich jede Art von Saatgut willkommen und darf versuchen, seine Gene unter meine Landsorten zu mischen.

Saatgut-Tausch

Ich säe vielleicht nur 10 Samen von jeder neuen Sorte aus; vielleicht säe ich Samen von nur fünf oder auch von 100 Sorten aus. Am Ende bleiben auf jeden Fall jede Menge Päckchen mit Samen übrig. Oft verschenke ich offene Packungen auf Saatgut-Börsen oder tausche sie gegen etwas Anderes ein.

Leute schicken mir Geschenke mit Samen, die ich nicht haben will, oder sie schicken mir 1000 Samen, wo ich nur ein Dutzend brauche. Ich bekomme viel mehr Samen, als ich anbauen kann. Sie sind nicht lokal angepasst. Es ist unwahrscheinlich, dass sie meine Anbaubedingungen überleben. Ich mag sie nicht wegwerfen, denn Leben ist kostbar. Oftmals verschenke ich solche Samen auf Saatgut-Börsen.

Ein anderer Weg, wie ich mit überschüssigen Samen von Tausch-Börsen verfahre, ist, die Saatgut-Packungen zu öffnen und ihren Inhalt in ein Glas zu schütten, manchmal nach Arten getrennt und manchmal viele Arten zusammen. Dann säe ich eine Portion dieser Samen auf ein Beet, nur um zu sehen, ob sich irgendetwas Ungewöhnliches zeigt. Manchmal verstreue ich sie auch einfach auf unbebauten Stellen meines Anwesens. Hier und da etabliert sich eine Art und pflanzt sich fort. Dann füge ich sie vielleicht zu einer meiner Landsorten hinzu.

Leute schicken mir eine Menge selbst gezogener Samen. Manchmal sind sie als „möglicherweise verkreuzt" bezeichnet. Ich liebe solchen Austausch! Je mehr Varianten von Eltern in einem Saatgut-Päckchen sind, desto größer ist die Wahrscheinlichkeit, dass eine der Familiengruppen bei mir gedeiht.

Wenn ich Saatgut mit dem Etikett „Landsorte" bekomme, dann jubel, jubel, freu, freu. Obschon es wahrscheinlich nicht an meinen Garten angepasst ist, könnte es doch enorme genetische Vielfalt enthalten. Manche Pflanzenfamilie könnte mit dem hiesigen Ökosystem

Jennifers Feuerbohnen

glücklich werden und nützliche Gene einbringen. Ich habe viele Jahre nacheinander Feuerbohnen (Phaseolus coccineus) angebaut, ohne Erfolg, bis mir Holly Dumont eine Feuerbohnen-Landsorte schickte. Etwa 20% von ihnen überlebte und setzte Samen an, genug, um ein Zuchtprojekt für eine eigene Feuerbohnen-Landsorte zu starten.

Eine Probeleserin dieses Buchs war Jennifer Willis, die in meinem Städtchen lebt und schon seit 15 Jahren Landsorten-Feuerbohnen gezogen hatte. Wir tauschten Feuerbohnen, nachdem sie erfahren hatte, dass ich welche wollte. Sie hatte sie einst von einem UPS-Paketboten bekommen.

Feuerbohnen sind besonders kostbar für mich, weil sie die ersten Samenfrüchte waren, die ich geerntet habe, als ich etwa vier Jahre alt war, zusammen mit meinem Großvater.

Nachbarschaftstausch

Landsorten sind eng mit den Gemeinschaften verbunden, in denen sie wachsen. Ich genieße es, mit der örtlichen Nachbarschaft zu handeln. Ich tausche vielleicht eine Sorte Trockenbohnen gegen eine andere. Mein Papa hat über Jahrzehnte „Charleston Gray"-Wassermelonen (Citrullus lanatus) angebaut. Sie gedeihen in seinem Garten. Ich frage ihn oft nach Saatgut.

Jeden Winter besuche ich meine regelmäßigen Handelspartner. Wir vergleichen Aufzeichnungen und tauschen Saatgut. Ich nehme Saatgut zu den örtlichen Bauernmärkten mit. Leute bringen Samen aus ihren Gärten, um sie gegen etwas einzutauschen, das ich anbaue. Ich mag diese Art des Handelns wirklich; die örtlich angepassten Sorten, die meine Nachbarn anbauen, bringen weitaus bessere Ernten als Saatgut von weit entfernten Anbauern.

Ich tausche regelmäßig Saatgut mit Leuten, die auch an Landsorten arbeiten und die in ähnlichen Ökosystemen leben wie ich. Ich baue alles an, was sie mir schicken. Wir haben eine lange Tradition der Zusammenarbeit.

Diese Art von Saatgut-Austausch auf Gegenseitigkeit ist das Herz des Gärtnerns mit Landsorten. Einzelne können eine Landsorte pflegen; aber weitaus besser ist es, wenn sie von einer größeren Gemeinschaft gepflegt wird.

Saatgut-Bibliotheken

Die Verantwortlichen von Saatgut-Bibliotheken äußern manchmal die Angst „Was ist, wenn die Samen, die die Leute zurückbringen, verkreuzt sind? Was ist, wenn sie nicht sortenrein sind?"

In meinen Augen wäre das eine geschätzte Eigenschaft einer Saatgut-Bibliothek und nichts, worüber man sich Sorgen machen sollte. Eine Bibliothek sollte sich eher glücklich schätzen, eine solch großartige Sache wie örtlich angepasstes Saatgut im Angebot zu haben!

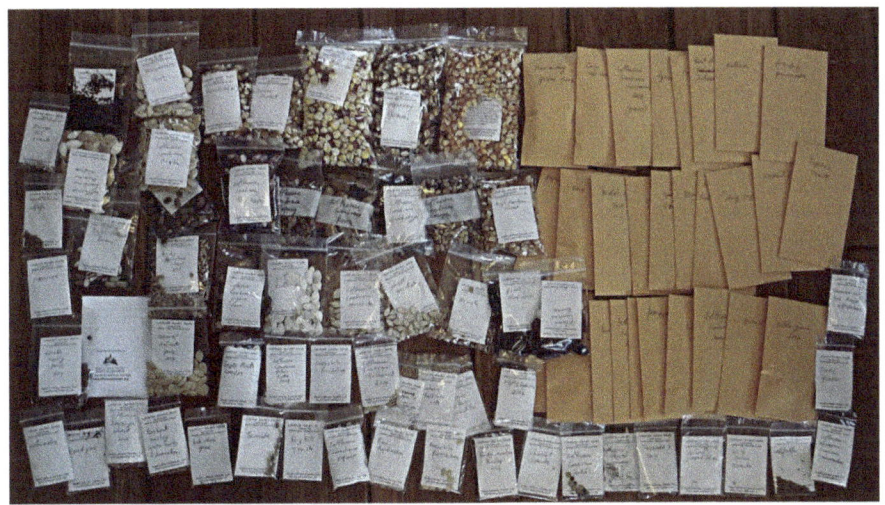

Saatgut-Austausch

Meine Strategie bezüglich genetisch vielfältiger Landsorten ist es, den Leuten reinen Wein einzuschenken und ihnen vollständig offenzulegen, was sie bekommen. Ich biete weder einheitliches, noch eindeutig unterscheidbares oder stabiles Saatgut an, und das sage ich klar und häufig. Ich biete Biodiversität an, Anpassungsfähigkeit und lokale Angepasstheit.

Neue Möglichkeiten und Früchte

Die Magie der Landsorten-Pflanzenzüchtung besteht darin, dass wir auf einen genetischen Bauplan selektieren können, der zu unseren Gewohnheiten und zu unserer Art, Dinge zu tun, passt. Wir müssen Pflanzen nicht so anbauen, wie sie schon immer angebaut wurden. Wir könnten andere Teile der Pflanze essen. Wir könnten sie zu verschiedenen Jahreszeiten anbauen.

Das Foto auf der gegenüberliegenden Seite stammt von meinem rot-hülsigen Erbsen-Projekt. Ich wusste, dass Erbsen mit roten Hülsen (manchmal werden sie fälschlicherweise "Schoten" genannt) theoretisch möglich waren. Es gab keine Samen von Erbsen mit roten Hülsen zu kaufen. Deshalb habe ich selbst welche hergestellt, indem ich Erbsen mit gelben Hülsen und Erbsen mit lila Hülsen per Hand gekreuzt habe. Ein kleiner Prozentsatz der Nachkommen war rot-hülsig. Wenn ich dieses Projekt noch mal beginnen würde, würde ich die Eltern sorgfältiger auswählen, um Merkmale zu minimieren, die störend sind. Ich würde zum Beispiel darauf achten, dass beide Eltern Zuckererbsen sind.

Ungezielte Selektion

Anbauen von Pflanzen und Gewinnen von Saatgut ist die unbeabsichtigte oder absichtliche Selektion einer Population, die unter den Wachstumsbedingungen gedeiht, denen sie ausgesetzt war. Wir können die Population bewusst so formen, dass sie uns gibt, was wir wollen. Wir können sie auch blind auswählen und erhalten so eine zufällige Auswahl. Die Fähigkeit zur Inzucht (zur Selbstbestäubung) vieler Nutzpflanzen ist teilweise darauf zurückzuführen, dass Menschen beim Pflanzenbau unbewusst gegen Fremdbestäubung selektiert haben (Pflanzen, die sich selbst befruchten können, setzen sicherer und reichlicher Früchte an).

Der genetische Bauplan einer Pflanze gibt ihr die Befähigung, mit ihrer Umwelt zurechtzukommen. Indem wir sie mit unseren bevorzugten Methoden behandeln, selektieren wir ungewollt auf Pflanzen, die bei diesen Methoden am besten gedeihen.

Ich habe mir Betriebe angesehen, die Saatgut vermehren und dabei ausgiebig Plastik sowohl unter als auch über den Pflanzen verwenden. Die Betriebsleiter waren sich oft nicht bewusst, dass ihre Anbaumethoden Pflanzen bevorzugen, die am besten mit Plastik wachsen. Wenn die Samen dann in die Gärten von Leuten kommen, die keine Kunststoffe verwenden, können die Pflanzen versagen, die daraus entstehen. Den Pflanzen fehlt dann ein wichtiger Faktor ihrer gewohnten Umgebung. Wenn die Saatgut-Züchter absichtlich Plastik verwenden und das Saatgut damit bewerben, dass es Plastik braucht, könnte das ein Segen für alle Kunden sein, die Plastik verwenden. Ich denke, sie erweisen ihrer Kundschaft einen Bärendienst, wenn sie solche Zusammenhänge nicht offenlegen.

Eine Freundin auf dem Bauernmarkt fragte, warum ihre Tomaten schmutzig seien und meine nicht. Ich hatte keine Antwort auf diese Frage. Beim nächsten Tomatenpflücken fiel mir jedoch auf, dass meine Landsorten-Tomatenpflanzen eine andere Gestalt hatten als handelsübliche Tomatenpflanzen. Wenn ich Samen von Tomaten gewinne, nehme ich keine Samen von Pflanzen, deren Früchte auf dem Boden liegen. Dadurch hatte ich unabsichtlich Tomatenpflanzen selektiert, deren Form verhindert, dass die Früchte den Boden berühren. Die Tomaten haben sich sozusagen selbst darum

Sich selbst reinigende Tomaten

gekümmert, ohne dass ich bewusst Arbeit oder besondere Aufmerksamkeit investieren musste.

Kürzlich habe ich eine Familie von Tomaten entdeckt, die wie Sträucher mit holzigen Stängeln wachsen. Ich habe vor, diese Eigenschaft genauer zu studieren. Ich baue Tomaten an, die sich auf dem Boden ausbreiten dürfen, ohne Abstandsgitter oder Pflanzenschutzmittel. Für Menschen in feuchten Klimazonen wäre es nicht verkehrt, Tomatensträucher anzubauen, die ihre Blätter weit entfernt vom Boden bilden, in dem sich die Sporen der Braunfäulepilze befinden.

Ich beobachte Tomaten-Anbauer, die alle möglichen Arten von Düngemitteln, Spritzmitteln, Techniken, Spalieren und Arbeit verwenden, wodurch sie unabsichtlich Populationen selektieren, die diese Art von kostspieligen Inputs brauchen.

Verschieben der Wachstumszeiten

Wir können auf Pflanzen selektieren, die zu einer anderen Jahreszeit als gewöhnlich wachsen. Ich konzentriere mich auf die Selektion von Pflanzen, die gedeihen, wenn sie im Herbst gepflanzt werden. Ich möchte eine frühe Ernte im Frühjahr; außerdem gedeihen diese Pflanzen in meinem Ökosystem ohne Bewässerung. Der größte Teil unserer Feuchtigkeit fällt nämlich bei frostigem Wetter im Herbst, Winter und frühen Frühling.

Zu den kältetoleranten Pflanzen, die überwintern und schon im Frühling zu ernten sind, gehören: Erbsen (Pisum sativum), Salat (Lactuca sativa), Speiserüben (Brassica rapa subsp. rapa), Pak Choi (Brassica rapa subsp. chinensis), Grünkohl (Brassica oleracea var. sabellica), Spinat (Spinacia oleracea), Getreide, Mangold (Beta vulgaris subsp. vulgaris), Kohl (Brassica spec.) und einige wilde Pflanzenarten. Ich säe Einjährige im Herbst kurz vor dem großen Herbstregen. Das Wetter prüft auf Winterhärte. Einige Arten und einige spezifische Sorten sind winterhärter als andere. Indem ich auf Winterhärte selektiere, fördere ich möglicherweise Eigenschaften, die nachteilig sind für Pflanzen, die im Sommer angebaut werden. Daher teile ich meine Landsorten in zwei Schwesterlinien auf: eine Linie, die im Herbst, und eine, die im Frühjahr gesät wird.

Im Herbst gesätes Getreide kann in meinem Ökosystem ohne Bewässerung angebaut werden. Roggen (Secale cereale) ist sehr winterhart. Viele Weizensorten (Tritium spec.) sind winterhart. Hafer (Avena sativa) und Gerste (Hordeum vulgare) sind bei mir nicht zuverlässig winterhart. Durch die Auswahl von Körnern, die gedeihen, wenn sie im Herbst gepflanzt werden, mache ich meine Landwirtschaft weniger abhängig von der Bewässerung. Ich bin den politischen und industriellen Maschinen, die eine Druckbewässerung ermöglichen, weniger verpflichtet. Leider sind die offenen Kanäle (Acequias) längst verschwunden, die früher hier das Bewässerungswasser durch die gesamte Gemeinde geleitet haben.

In meinem Ökosystem verhält sich Roggen wie eine Wildart, die sich selbst aussät. Er muss nicht gesät, gejätet oder bewässert werden. Ich ernte einfach nur das reife Getreide. Einige Weizen- oder Gerstensorten könnten für eine ähnliche Behandlung geeignet sein. Roggen ist groß, größer als das Unkraut. Die Körner sind allelopathisch, d. h., sie geben Stoffe ab, die andere Pflanzen schädigen. Roggen-Pflanzen wachsen den ganzen Winter über und sind somit gegenüber den einjährigen Unkräutern im Vorteil, die erst im Frühjahr keimen.

Weizen besitzt eine große Vielfalt in der Höhe der Pflanzen. Wenn ich Weizen in der Art von Wildweizen anbauen wollte, würde ich mit Sorten starten, die die größten Pflanzen besitzen. Diese wachsen besser aus dem Unkraut heraus und minimieren das Bücken bei der Ernte.

Es gibt viele zwei- und mehrjährige Arten, die schon im zeitigen Frühjahr Essbares liefern. Ich habe bei Pastinake (Pastinaca sativa), Rettich (Brassica rapa subsp. rapa), Mangold (Beta vulgaris subsp. vulgaris), Karotte (Daucus carota) und Topinambur (Knollen-Sonnenblume, Helianthus tuberosus) auf Pflanzen selektiert, die ohne Schutz überwintern. Auch Rüben könnten an eine Herbstsaat angepasst werden.

Vogelmiere (Stellaria media) produziert frühes Grün im Frühling. Ich würde es gern von einem, sich selbst aussäenden Unkraut zu einer bewusst ausgesäten Kulturpflanze entwickeln. Es gedeiht hier schon üppig - wie Unkraut! Mit gewissen Tests und bescheidenem Aufwand könnte es gewiss zu einer wichtigen und zuverlässigen Nahrungspflanze werden, da es bei super-kaltem Wetter wächst.

In wärmeren Klimazonen kann die Jahreszeit verschoben werden, indem zu einer Jahreszeit gepflanzt wird, in der die hauptsächlichen

Schädiger und Krankheiten einer Art noch nicht aktiv sind. Anstatt einen Gartenkürbis (Cucurbita pepo) anzubauen, der das ganze Jahr zur Reife braucht, könnte man einen Kürbis ziehen, der eine kürzere Reifezeit hat, und diesen früher oder später als normal wachsen lassen, wodurch die Saison der Schädlinge, Krankheiten oder Wetterkapriolen eventuell vermieden wird. Pflanzen für kürzere Zeit im Boden zu haben bedeutet, dass weniger Dinge schief gehen können.

In der USDA Klimazone 8 oder wärmer empfehle ich, Acker-Bohnen (Vicia faba) schon im Herbst zu säen.

Durch die Selektion frost-toleranter Gewöhnlicher Bohnen (Phaseolus vulgaris) habe ich die Saison um drei bis vier Wochen nach vorne verschoben. Das Erntefenster erweitert sich durch eine frühe Ernte und eine Ernte in der Hauptsaison, wodurch der Stress bei der Ernte verringert wird; außerdem verhindert ein früherer Erntezeitpunkt, vor Beginn des Herbstregens, dass die Haupternte durch ihn geschädigt wird.

Eine Verschiebung der Wachstumszeit könnte auch bei der Entwicklung von Pflanzenarten angewendet werden, die in Gewächshäusern, Frühbeeten oder in der Nähe von Wärme speichernden Landschaftselementen wie Felsen, Mauern oder Zäunen gedeihen.

Außergewöhnliche Eigenschaften

Der Anbau im Landsorten-Stil bietet viele Möglichkeiten, das äußere Erscheinungsbild (den Phänotyp) von Pflanzen oder Tieren zu beeinflussen. Ein aufmerksamer Gärtner kann äußere Merkmale feststellen, die sich von denen anderer Pflanzen unterscheiden. Es ist wahrscheinlich, dass die Nachkommen solch außergewöhnlicher Pflanzen ebenfalls das außergewöhnliche Merkmal zeigen.

Wie bereits erwähnt, bemerkte mein Ururgroßvater in den 1880er Jahren auf einem großen Feld eine Weizenpflanze, die robuster und kräftiger wuchs als die anderen. Er erntete die Körner getrennt und vermehrte sie in seinem Hausgarten. Schließlich wurde dieser Weizen zum am häufigsten angebauten Weizen in seiner Heimatgegend.

Ich liebe die riesigen, sattgelben Blüten im promisken Tomatenprojekt. Ich selektiere dort bevorzugt auf üppige Blütenstände. Ich träume davon, Tomatenpflanzen zu verkaufen, die speziell für Blumengärten bestimmt sind. Ich strebe an, fruchtig schmeckende Tomaten zu

Dekorative Tomatenblüten

züchten und den normalen Tomatengeschmack - Igitt! - auszumerzen.

Das Projekt für frost-tolerante Bohnen begann, als etwa 5 % der jungen Pflanzen einen späten Frühlingsfrost überlebten. Ich säte ihre Samen im nächsten Jahr einen Monat früher aus. Viele von ihnen überlebten. Ich habe das jahrelang wiederholt. Die Sorte ist mittlerweile viel frost-toleranter als durchschnittliche Bohnen. Eine anfängliche Überlebensrate von 5 % ist verdammt gut, wenn man daran arbeitet, Pflanzen an lokale Bedingungen anzupassen.

Knollige Sonnenblumen (Topinambur) und einjährige Sonnenblumen sind verschiedene Arten, die sich aber fruchtbar miteinander kreuzen können. Topinambur hat große, essbare Knollen und ist mehrjährig. Einjährige Sonnenblumen produzieren große Samen. Die Selektionsmöglichkeiten aus Kreuzungen beider Arten faszinieren mich. Was wäre, wenn wir uns für riesige, essbare Wurzeln und riesige Samen an ein und derselben Pflanze entscheiden würden? Wäre das nicht eine großartige Pflanze für die Permakultur?

Topinambur blüht sehr spät. Um eine Kreuzung mit einjährigen Sonnenblumen vorzunehmen, könnte ich versuchen, letztere alle 10 Tage auszusäen, um die Blühzeiten aufeinander abzustimmen. Vielleicht kann Sonnenblumenpollen auch durch Trocknen und/oder Einfrieren gelagert werden. Die Keimblätter der Hybriden unterscheiden sich von denen beider Elternteile.

Behaarte Kürbisse

Im Kapitel "Ernährungssicherheit" gehe ich näher auf die Möglichkeiten ein, mehrjährige Sonnenblumen mit großen Knollen und vielen großen Samen zu züchten.

Bei meinem Kürbis-Projekt sind mir flaumige Kürbisfrüchte aufgefallen. Sie fühlen sich super komisch an, aber sie faszinieren mich. Was wäre, wenn Hirsche das flauschige Gefühl wirklich nicht mögen und die Früchte deshalb nicht fressen? Was wäre, wenn die Kürbiskäfer die Früchte wegen des Flaums nicht fressen oder ihre Eier nicht ablegen können? Ich bin ganz wild darauf, diese möglichen Effekte zu untersuchen.

Meine außergewöhnlichste Melone wächst in Buschform, wie ich es nenne. Sie hat sehr kurze Internodien. Diese Melone wäre super für jemanden, der auf einem Balkon oder in Hochbeeten mit begrenztem Platz gärtnert. Ich säe sie etwa 30 Meter von meinen normalen Zuckermelonen entfernt, um möglichst zu verhindern, dass sich die beiden Populationen vermischen.

Meine Pflanzen wachsen in praller Sonne auf einem weiten Feld mit schluffig-lehmigem, alkalischem Boden. Diese Bedingungen haben sich die Pflanzen ausgesucht, die unter ihnen gedeihen. An anderen Standorten könnte sich der genetische Bauplan der Pflanzen

Buschartige Melonenpflanze

zugunsten schattiger Gärten mit saurem, sandigem Boden verschieben. Ich versuche nicht, meinen Boden zu verändern. Es ist viel einfacher, den genetischen Bauplan der Pflanzen zu ändern, als den Boden langfristig an die Pflanzen anzupassen.

Ich baue mehrjährigen Weizen und Roggen an. Sie entstanden als Art-Hybriden zwischen domestizierten Getreidepflanzen und Wildgräsern. Da sie mehrjährig sind, haben sie einen großen Vorteil gegenüber einjährigen Arten; denn es ist eine feine Sache, eine Nutzpflanze anzubauen und zu wissen, dass sie für sich selbst sorgen kann, ohne die ständige Unterstützung eines Landwirts zu brauchen.

Eine meiner Lieblingsfrüchte ist eine Birne, die ich aus Samen gezogen habe. Die Schale grüner Früchte ist bitter. Die Bitterkeit verschwindet beim Reifen. Der Vorteil der bitteren Schale besteht darin, dass Insekten die grünen Früchte nicht fressen. Dadurch ist der Anbau von Bio-Birnen ohne Pflanzenschutzmittel möglich.

Ich baue eine riesige Sonnenblume an. Sie wird vier Meter hoch. Ich selektiere auf Pflanzen, deren Köpfe nach unten, waagrecht zum Boden zeigen. Die Vögel können sich so schlechter an der Unterseite des Kopfes festhalten, um die Samen zu fressen. Ich wähle auch Pflanzen aus, deren Samen lose mit dem Kopf und untereinander verbunden sind. Dadurch kann ich die Samen auf dem Feld ernten, indem ich mit einer behandschuhten Hand darüber reibe. Ich hatte schreckliche Probleme mit Schimmel, als ich die ganzen Köpfe erntete und versuchte, sie bei kühlem, feuchtem Herbstwetter zu trocknen. Die frei dreschenden Sonnenblumenkerne trocknen schnell, wenn man sie auf einem Tuch ausbreitet.

Gurken

In meiner Gurken-Landsorte tauchten gelbschalige Früchte auf. Ihr Geschmack ist mild und delikat. Sie sind bei weitem die am besten schmeckende Gurken, die ich je gegessen habe. Sie schmecken wunderbar, wenn sie milchsauer oder in Essig eingelegt werden. Sie haben kleine Früchte. Ich untersuche derzeit die Population, um zu sehen, ob die Fruchtgröße erhöht werden kann. Dies wäre ein Fall, in dem sich eine Verkreuzung mit einer Sorte lohnen könnte, die größere Früchte hätte.

Essbare Kaktusfrüchte

Kakteen sind eine Familie, die viel Potenzial für die Entwicklung neuer Nutzpflanzen hat. Es können sowohl Früchte als auch die Blätter gegessen werden. Vielleicht könnte man essbare Blüten entwickeln. Ich stelle mir die Familie eher als einen Art-Komplex denn als eigenständige Art vor. Es gibt viele Möglichkeiten, neue und aufregende Kulturpflanzen unter den Kakteen zu entdecken. Beispielsweise haben einige kleinfrüchtige Arten keine Stacheln an den Früchten! Was? Kaktusfrüchte ohne Stacheln!! Das wäre eine wunderbare Eigenschaft, die es zu erkunden gilt. Vielleicht könnten wir auf eine größere Anzahl größerer Früchte selektieren.

Kaktusfrüchte können wirklich lecker sein. Vor mehr als einem Jahrzehnt habe ich einen Haufen Opuntia engelmanii-Samen gesät. Die meisten Pflanzen hat der Frost im ersten Winter dahingerafft. Einige aber haben bis jetzt draußen überlebt. Ihre Früchte gehören zu den aromatischsten, die ich esse. Sie

Essbare Kaktusblätter

haben winzige Dornen; deshalb esse ich sie normalerweise, indem ich sie halbiere und das Innere auslöffele. Ein Freund brennt die Dornen mit einer Flamme ab.

Ich kultiviere eine Variante (einen "Kultivar") von Opuntia humifusa, die man „dornenlos" nennt. Sie hat winzige, borstenartige Dornen, die mit Widerhaken versehen sind (Glochiden), aber keine großen Dornen. Ich bereite sie zum Essen vor, indem ich die Dornen am Gras des Rasens abreibe. Ich kenne Leute, die die runden, filzigen Polster (Areolen) abschneiden, aus denen die Dornen entspringen.

Ein Nachbar züchtet in einem großen Topf einen nicht winterharten Kaktus, der über den Winter ins Haus gebracht wird. Im Sommer bringt er ihn wieder nach draußen und verwendet die jungen Blätter für Gerichte.

Promiske Bestäubung

Promiske Bestäubung (maximale Fremdbestäubung) ist für das langfristige Überleben von Landsorten von entscheidender Bedeutung. Einige Arten sind sehr promisk. Andere Arten sind meist selbstbestäubend und kreuzen sich nur gelegentlich mit einer anderen Pflanze.

Fremdbestäubung arrangiert die Gene der Pflanzen neu. Veränderungen der Gene ermöglichen es dem Leben, sich an Veränderungen im Ökosystem oder in den landwirtschaftlichen Praktiken anzupassen.

Pollenverteilung
(zwischen Blüten)

Die Pollenverteilung ist lokal begrenzt

Höchst lokal

Die Bestäubung ist stark lokal begrenzt. Es ist am wahrscheinlichsten, dass eine Blüte von der nächstgelegenen, passenden Blüte bestäubt wird. Je enger wir verschiedene Sorten zusammen pflanzen, desto größer ist die Wahrscheinlichkeit, dass sie sich kreuzen. Normalerweise säe ich die Sorten bunt durcheinander, die sich vorwiegend selbst bestäuben, um eine größtmögliche Fremdbestäubung zu erreichen.

Die Mathematik der Bestäubung ist quadratisch; das bedeutet, dass eine Verdoppelung des Abstands zwischen zwei Blüten die Wahrscheinlichkeit einer Fremdbestäubung auf ein Viertel reduziert. Eine Vergrößerung des Abstands um das Zehnfache verringert die Wahrscheinlichkeit einer Fremdbestäubung um das Hundertfache.

Die Grafik, die den Pollenfluss zwischen Blüten zeigt, gilt für jeden Maßstab. Dies gilt für die einzelnen Blüten in der Dolde einer Karotte ebenso wie zwischen den Dolden derselben Pflanze. Es gilt für verschiedene Pflanzen im selben Beet und für verschiedene Beete im selben Feld.

Verteilung von Pollen zwischen Beeten
drei Meter lange Reihen, im Abstand von drei Metern

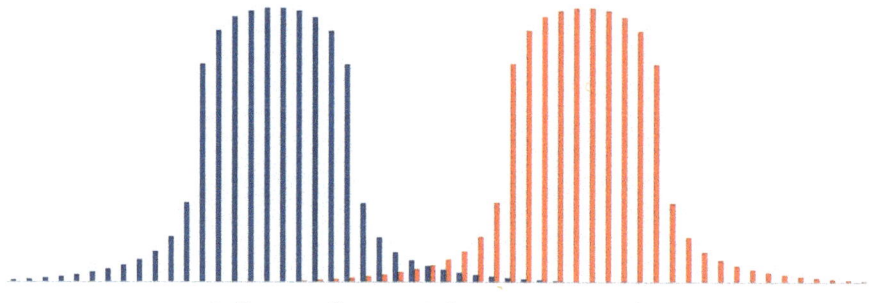

Pollenverteilung zwischen Beeten in Reihe

Das Bewusstsein für die stark lokale Natur der Bestäubung ermöglicht es uns, Pflanzungen so zu gestalten, dass die Bestäubung entweder minimiert wird, um Isolationsabstände zu gewährleisten, oder maximiert wird, um die Kreuzung zu fördern.

Reinheit und Isolationsabstände

Es gibt Menschen, die sich fürchten, eigenes Saatgut zu gewinnen, weil sie sich fragen: Was ist, wenn die Isolationsabstände nicht eingehalten werden? Was ist, wenn eine Sorte verunreinigt wird? Wie sieht es mit Inzuchtdepression aus? Was ist, wenn es sich bei den Samen um Hybride handelt? Was ist mit Giften und unförmigen Monsterpflanzen? Meine Antwort lautet: Diese Dinge haben so gut wie keine Bedeutung.

Das einzige, was man für die Saatgutgewinnung wissen muss, ist, dass Pflanzen Samen produzieren, dass diese geerntet und wieder ausgesät werden können. Für die Züchtung von Pflanzen wäre zu ergänzen, dass die Nachkommen ihren Eltern und Großeltern ähneln und dass manchmal ein Merkmal auch eine Generation überspringen kann.

Das ganze Geheimnis der Pflanzenzüchtung

Pflanzen produzieren Samen.

Die Nachkommen ähneln ihren Eltern und Großeltern.

Manchmal überspringt ein Merkmal eine Generation.

Landsorten-Populationen vereinfachen die Saatgutgewinnung erheblich. Sie verringern die Sorge um die Reinheit der Pflanzen und die Isolationsabstände. Die Sorge um die Sortenreinheit ist eine der größten Hindernisse für die Saatgutgewinnung. Die Wahrung der Reinheit führt zu Inzuchtdepression. Ich mache mir keine großen Gedanken über Isolationsabstände oder die Reinhaltung meiner Kultivare. Pflanzen sind wüchsiger, wenn Kultivare sich gegenseitig bestäuben. Wenn sich ein Hubbard- und ein Banana-Kürbis kreuzbestäuben, sind die Nachkommen immer noch Kürbisse. Sie wachsen wie Kürbis, sie sehen aus wie Kürbis, sie lassen sich kochen wie Kürbis, sie schmecken wie Kürbis. Wenn sich zwei Sorten mit großartigen Eigenschaften mischen, erben die Nachkommen ihre großartigen Eigenschaften.

Menschen begannen vor 40.000 Jahren, Pflanzen gezielt anzubauen. Die überwiegende Mehrheit an unerwünschten Eigenschaften wurde aus den genutzten Pflanzen eliminiert. Ich konnte bisher nicht feststellen, dass sich gekreuzte Pflanzen in giftige Mutanten verwandeln. Wenn sich zwei hochgezüchtete Sorten kreuzen, sind die Nachkommen ebenfalls hochgezüchtet. Die Merkmale der Nachkommen zeigen eine Mischung aus denen der Elternsorten.

Manchmal kreuze ich wilde, weniger domestizierte Eltern ein. Ich hoffe dadurch, mehr Vielfalt einzukreuzen. Gelegentlich finde ich unter diesen Kreuzungsprodukten eine giftige Frucht oder andere unerwünschte Eigenschaften. Melonen-, Kürbis-, Gurken-, Bohnen- und Salatgifte wissen, was sich gehört: Sie schmecken fürchterlich. Ein schrecklicher Geschmack ist ein gutes Zeichen dafür, dass eine Pflanze Gifte produziert. Nachtschattengewächse mögen vielleicht gut schmecken, aber ihre Gifte bringen mich zum Kotzen.

Ich habe mal eine „Taschenmelone" gepflanzt, eine kleine Melone mit Parfümduft. Ich probiere jede Frucht, bevor ich ihre Samen aufhebe. Diese Taschenmelonen schmeckten widerlich! Gift in Melonen schmeckt fürchterlich. Ich habe das gesamte Saatgut weggeworfen, da ich nicht riskieren wollte, Gift in meine Melonen einzubringen.

Nachdem ich Gene wilder Wassermelonen in meine Wassermelonen eingekreuzt hatte, tauchte das Merkmal „explodierende Melone" auf. Wenn man solche Melonen sonnengewärmt erschüttert, platzen die Früchte auf. Indem ich in den folgenden Jahren nur die Melonen vermehrte, die nicht so leicht aufbrachen, beseitigte ich das Merkmal schrittweise innerhalb weniger Jahre.

Ich betrachte Tepary-Bohnen (Phaseolus acutifolius) als halb-domestiziert. Meine ursprünglichen Sorten hatten eine Eigenschaft, die ich „harte Samen" nenne. Etwa 10 % der Samen nehmen beim Einweichen kein Wasser auf. Es würde Wochen oder Monate dauern, bis sie keimen. Ich habe diese Eigenschaft beseitigt, indem ich die Samen vorher eingeweicht habe und nur diejenigen gesät habe, die sofort Wasser aufgenommen haben. Die wilde Wassermelone brachte die gleiche Eigenschaft mit, die sich aber von selbst eliminierte. Da Wassermelonen bei mir die gesamte Vegetationszeit brauchen, um auszureifen, können Pflanzen, deren Keimung zu lange dauert, vor dem ersten Frost keine Samen mehr ausbilden.

Wenn ich mich heutzutage entschließe, wilde Vorfahren domestizierter Nutzpflanzen anzubauen, baue ich sie einige Jahre lang auf einem entfernt liegenden Feld an. Das stellt sicher, dass sie keine unerwünschten Eigenschaften in meine Nutzpflanzen einbringen. Es ist einfacher, sie anfangs zu isolieren, als ihre negativen Eigenschaft später wieder entfernen zu müssen.

Ich baue Peperoni getrennt von Gemüsepaprika an. Es ist mir egal, wie eine Gemüsepaprika aussieht. Sie kann jede Form, Farbe und Größe haben, solange sie nicht scharf ist. Das wichtigste Merkmal einer Gemüsepaprika in meinem Garten ist „Muss-Früchte-bringen."

Bei den überwiegend Inzucht treibenden Nutzpflanzen, wie Bohnen und Getreide, achte ich auf einen Isolationsabstand von drei Metern. Bei Pflanzen, die größtenteils fremdbestäuben, halte ich einen Isolationsabstand von 30 Metern ein; bei diesen Entfernungen beobachte ich eine Verkreuzung von etwa 1 % bis 5 %.

Pflanzen, die zu unterschiedlichen Zeiten blühen, bestäuben sich nicht gegenseitig. Ein frühreifender und ein spätreifender Mais können nebeneinander wachsen, ohne dass eine Verkreuzung zu befürchten ist; so kann ich Mehlmais und Zuckermais auf demselben Feld anbauen.

Ebenso ist eine Inzuchtdepression nur dann ein Problem, wenn Kultivare streng isoliert angebaut werden. Es spielt keine Rolle, aus wie vielen Pflanzen eine Population besteht, wenn regelmäßig neue Gene hinzukommen. Neue Gene wirken den negativen Auswirkungen entgegen, die durch Inzucht bedingt sind.

Ich frage mich, ob die Empfehlungen für die „Mindestanzahl an Samenpflanzen" nicht ein Trick der großen Saatgutkonzerne sind, Menschen davon abzuhalten, Saatgut zu gewinnen. Die Standards, die für den Anbau von Samenpflanzen erforderlich sind, die auf der ganzen Welt angebaut werden sollen, unterscheiden sich erheblich von denen, die für den lokalen Anbau von Nahrungspflanzen für eine örtlich begrenzte Gemeinschaft erforderlich sind. Ich werde keine magische Zahl von Pflanzen nennen, die notwendig sind, um Samen gewinnen zu können. Gewinne Samen von so vielen Pflanzen, wie Du und Deine Gemeinschaft einfach pflegen können. Sei bei der Selektion der Samenpflanzen großzügig. Wenn eine Varietät an Wuchskraft verliert, erlaube ihr, sich mit irgendeiner anderen Varietät zu kreuzen.

Es ist mir egal, ob unter meinen Pflanzen ein paar Prozent Abweichler sind. Ich ernte von Hand. Ich halte jedes Gemüse vor dem Kochen in der Hand. Wenn es mir nicht gefällt, kompostiere ich es oder verfüttere es an Tiere.

Fremdbestäubung

Fremdbestäubende Sorten passen sich schneller an die Anbaubedingungen an, die für Landsorten passen. Die häufige

"Umordnung" der Gene ermöglicht eine schnellere Selektion von Familien, die unter den örtlichen Bedingungen gedeihen.

Mais ist windbestäubt. Da Maispollen schwerer als Luft ist, fällt er schnell auf den Boden. Auf meinen Feldern sinken die Maispollen bei einer durchschnittlichen Windgeschwindigkeit von ca. 15 Kilometern pro Stunde nach acht Metern unter die Höhe der weiblichen Narbenfäden.

Maispollen können kilometerweit transportiert werden, wenn sie in die Luftströmungen eines Sturms geraten. Einzelne, fremde Pollen haben im Vergleich zu den Millionen Pollenkörnern, die lokal vorhanden sind, kaum eine Wirkung. Die meisten Maispollen fallen meistens ungefähr gerade nach unten. Wenn ich versehentlich ein farbiges Maiskorn in ein Feld mit weißem Mais säe, färbt der Pollen dieser Pflanze die Körner der weißen Maiskolben; aber der größte Teil der kreuzweisen Bestäubung findet innerhalb von nur einem Meter statt.

Ich nutze die lokale Natur der Bestäubung, um Schwesterlinien anzubauen. Ich könnte den violetten Mais zusammen in einem Block säen, dann den weißen Mais direkt daneben in einem Block und dann den gelben Mais neben den weißen. Zur Erntezeit produziert

Minimale Fremdbestäubung bei ca. Einem Meter Abstand

der weiße Block hauptsächlich weiße Maiskolben mit einigen violetten Körnern an einer Kante des Blocks. Am anderen Rand des Blocks tauchen ein paar gelbe Körner auf. In diesem System gibt es kaum Kreuzungen zwischen Gelb und Lila. Diese Methode macht es möglich, verschiedene Phänotypen in ihrer Form zu erhalten.

Ich säe grüne Kürbisse an das eine Ende der Reihe und orangefarbene an das andere. Dann werden die orangefarbenen Kürbisse größtenteils untereinander bestäubt und die grünen Kürbisse ebenfalls; dabei bleiben beide Farben erhalten. Nur in der Mitte der Reihe kommt es zu Kreuzungen.

Meist selbstbestäubend

Bei den selbstbestäubenden Pflanzen ist eine Selbstbestäubung weitaus wahrscheinlicher als eine Fremdbestäubung. Die Blüten sind so gebaut, dass die Selbst- gegenüber der Fremdbestäubung begünstigt wird. Da sich selbst bestäubende Pflanzen nur langsam genetisch mit anderen mischen, passen sie sich langsamer an örtliche Bedingungen an. Indem man solche Pflanzen eng zusammen sät, fördert man aber ihre Kreuzung.

Importierte, selbstbestäubende Sorten unterliegen sofort der „Überleben der Fittesten"-Selektion. Bohnen sind überwiegend selbstbestäubend, weshalb die meisten Bohnensorten für meinen Garten ungeeignet sind; sie scheitern im ersten Jahr. Ich schätze, dass von zehn Bohnensorten, die ich anbaue, neun kein Saatgut für die Aussaat im nächsten Jahr produzieren. Bei Tomaten bringt nur etwa eine von 20 Sorten reife Früchte, bevor die Pflanzen durch Herbstfröste absterben. In späteren Jahren entwickeln sich die überlebenden Bohnen und Tomaten als Inzuchtsorten gut in einem Mix mit anderen Inzuchtsorten.

Die natürliche Fremdbestäubungsrate domestizierter, gewöhnlicher Gartenbohnen liegt zwischen 0,5 % und 5 %. Das reicht für die natürliche Selektion aus. Wenn man auf natürlich vorkommende Hybriden achtet und diese bevorzugt aussät, kann dies die lokale Anpassung beschleunigen.

Auch ohne gezielte Selektion auf gekreuzte Bohnen sind die Nachkommen der Kreuzungen tendenziell produktiver und bilden daher mehr Samen als die Inzuchtsorten. Die Population wird sich unbeabsichtigt zugunsten der Sorten verschieben, die stärker auskreuzen.

Händische Kreuzungen mischen die Gene von Pflanzen, die sich überwiegend selbstbestäuben. In den nächsten zwei bis vier Generationen ordnen sich die vermischten Gene in neuen Kombinationen an. Einige dieser Kombinationen sind möglicherweise gut an die aktuellen Wachstumsbedingungen angepasst. Meine Tepary-Bohnen-Landrasse gedieh wirklich gut, nachdem mir Andy Breuninger manuell hergestellte Tepary-Hybriden geschickt hatte. Er hatte die Kreuzungen nur im kleinem Stil durchgeführt; trotzdem vermehrten ein paar seiner Hybridsamen die Farbenvielfalt der Samenschale meiner Tepary-Bohnen außerordentlich.

Wenn im Garten und in den umliegenden Gebieten ein gesundes Ökosystem unterhalten wird, erhöht dies die Fremdbestäubung, weil mehr Bestäuber vorhanden sind. Bestäuber-Populationen sind außerdem vitaler, wenn sie sich während ihres gesamten Lebenszyklus von vielen verschiedenen Pflanzenarten ernähren können.

Ich heiße alle Arten von Pflanzen auf meinem Hof und in der umliegenden Wildnis willkommen. Ich nenne sie „einheimisch", sobald sie sich etabliert haben. Ich kann oft nicht sagen, wann und woher sie gekommen sind. Ich beurteile alle Pflanzen als positiv, die reichhaltige Ökosystemdienstleistungen bieten, wie Biomasse, Pollen, Nektar und Schutz.

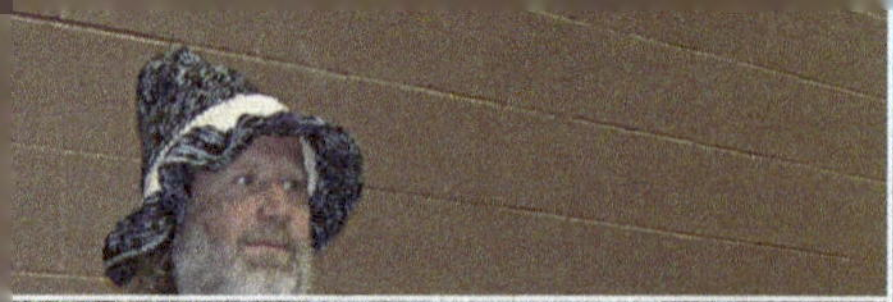
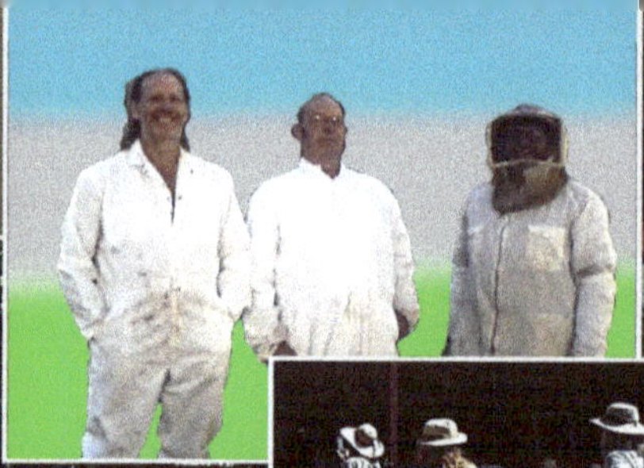
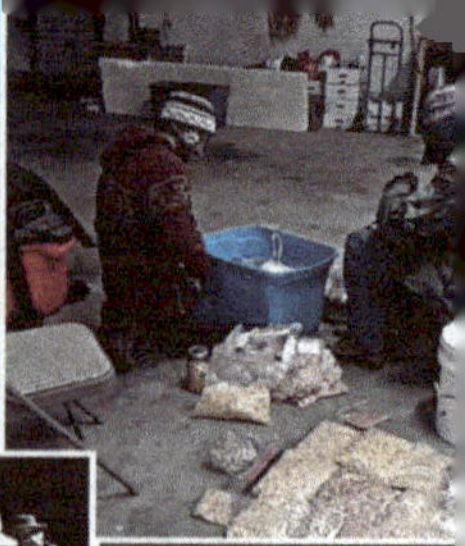
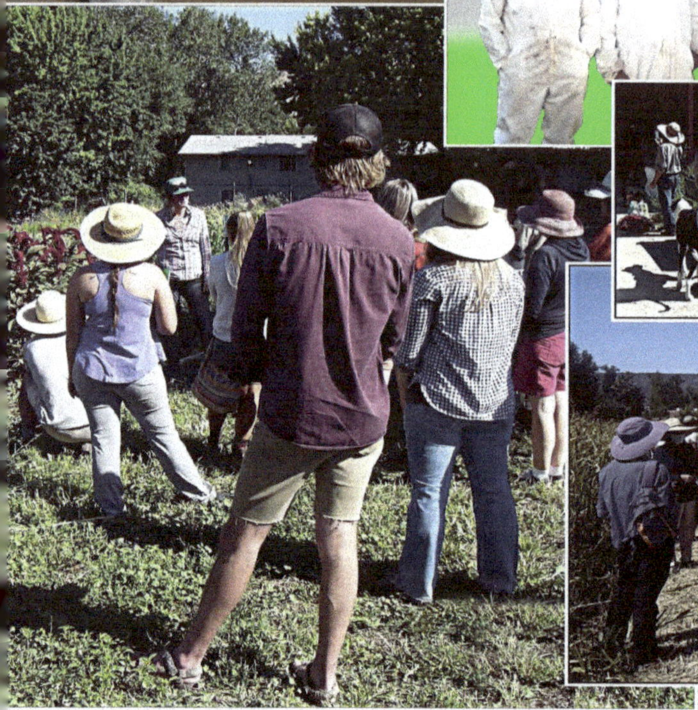
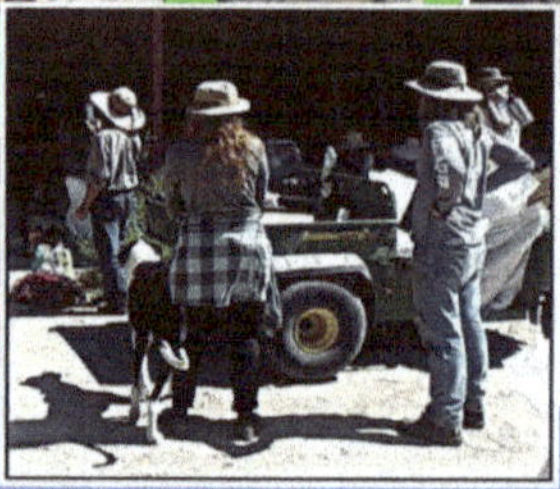
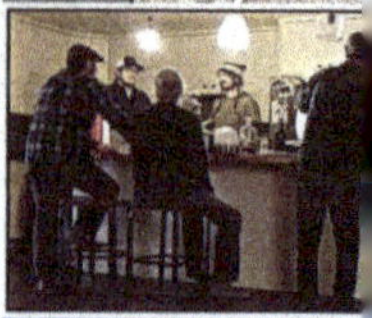
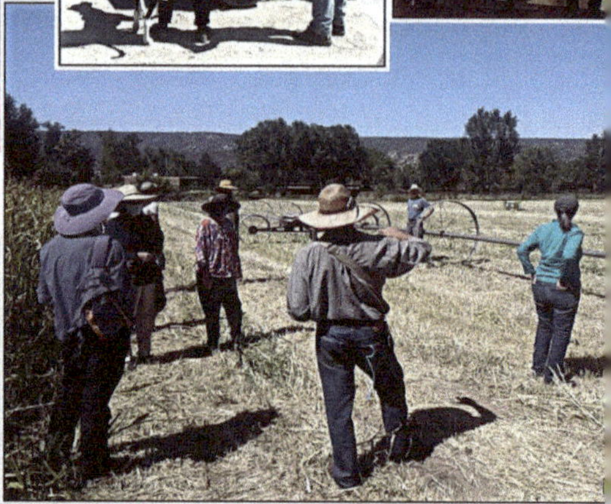
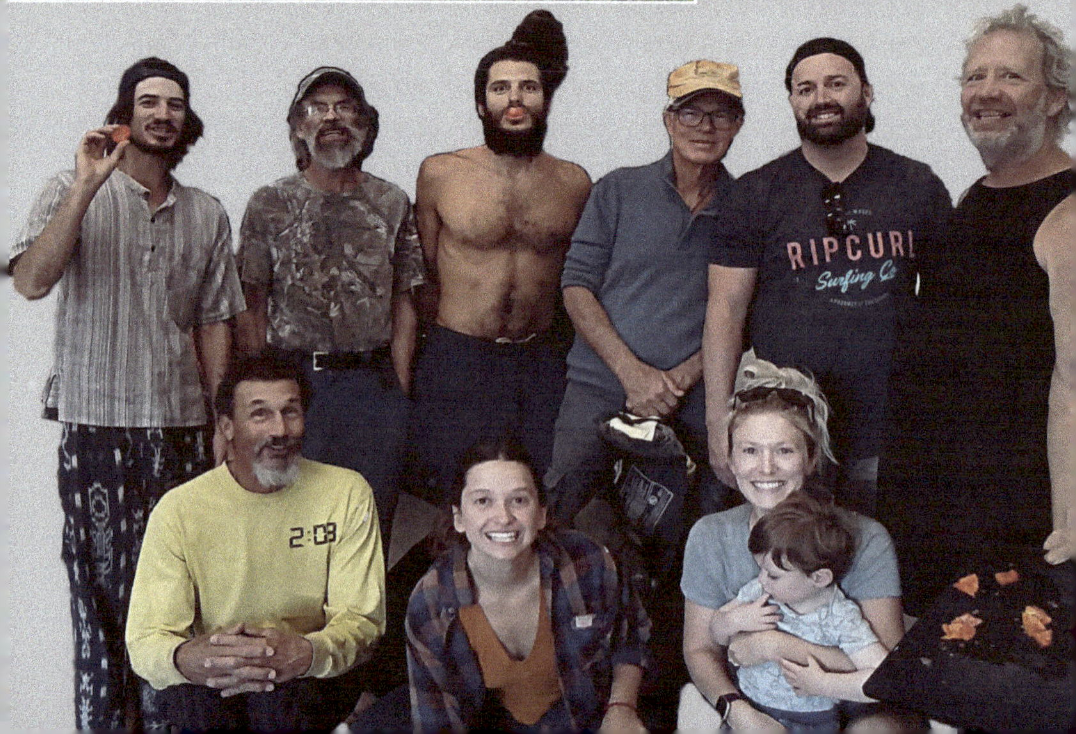
RIPCURL
Surfing Co

Ernährungssicherheit

Gemeinschaft

Die ultimative Ernährungssicherheit entsteht durch das Leben in einer Gemeinschaft, in der alle miteinander kooperieren. Je mehr wir unsere Nahrungsressourcen innerhalb einer Gemeinschaft erzeugen, desto sicherer machen wir sie. Ein lokales Lebensmittel- und Saatgutnetzwerk zu organisieren und aufrechtzuerhalten, bietet Sicherheit vor globalen und regionalen Störungen der Lebensmittelversorgung.

Je weniger Vermittler zwischen Nahrungsmittelproduktion und Nahrungsmittelkonsum existieren, desto sicherer wird das Nahrungsmittelsystem. Das sicherste Nahrungsmittelsystem ist eines, in dem jedes Mitglied der Gemeinschaft in irgendeiner Weise zur Nahrungsmittelproduktion der Gemeinschaft beiträgt.

Der Beitrag könnte darin bestehen, Lebensmittel auf dem lokalen Bauernmarkt zu kaufen oder jemandem zu ermöglichen, Lebensmittel auf einem unbebauten Grundstück anzubauen. Es kann auch um die Herstellung von Kimchi oder Einlege-Gurken aus lokalen Produkten gehen. Die Arztpraxis könnte Tomaten statt ungenießbarer Sträucher anbauen.

Meine örtliche Lebensmittelkooperative bietet soziale Leistungen, die meiner Seele Nahrung geben: Berühren, Singen, Tanzen, Trommeln, Feiern. Eines der schönsten Dinge für mich ist, auf der jährlichen Pflanzfeier gemeinsam die Nahrungsmittel zu essen, die im Sommer auf dem Bauernhof gewachsen sind. Diese Lebensmittel wurden aus Samen gezogen, die während der vorhergehenden Pflanzfeier ausgesät und gepflanzt wurden.

Ich baue viele verschiedene Nutzpflanzenarten an und erzeuge viele Arten von Lebensmitteln. Viele Lebensmittel, die ich esse, sind lokale Lebensmittel, die ich nicht selbst produziert habe. Ich speise die Gemeinschaft mit Gemüse; sie speist mich mit anderen Arten von Lebensmitteln.

Ich backe nicht. Ich überlasse der örtlichen Bäckerei von mir erzeugte Lebensmittel; sie gibt mir dafür Brot. Ich schenke einem Jäger Honig. Er schenkt mir Wildbret. Ein Fischer gibt mir Fisch.

Als mal eine Beziehung aus den Fugen geriet und ich dadurch wichtiges Saatgut verlor, bekam ich von meinen lokalen und Internet-Communities Ersatz.

Inzucht vs. Diversität

Die jüngste Geschichte der Landwirtschaft zeigt, dass bedeutende Ernteausfälle die Folge sein können, wenn ein Schadorganismus die Abwehrkräfte einer Pflanze überwindet und sich dann innerhalb kürzester Zeit weit verbreiten kann. Diese flächenbrand-ähnliche Ausbreitung von Krankheitserregern ist auf die genetische Einheitlichkeit der betroffenen Nutzpflanzen zurückzuführen. Ähnliche Ausfälle können wetterbedingt sein. Der Anbau von Landsorten vermeidet derartige Probleme, da diese Art Anbau eine große genetische Variabilität innerhalb und zwischen den Arten mit sich bringt.

Nach der Maisfäule im Jahr 1970 warnte die Nationale Akademie der Wissenschaften, dass Nutzpflanzen in den Vereinigten Staaten „beeindruckend anfällig" für Misserfolge seien aufgrund ihrer genetischen Einheitlichkeit. Der Trend zur Einheitlichkeit beschleunigte sich seitdem. Ich erwarte, dass sich dieser Trend in der

Mega-Landwirtschaft durch die zunehmende Mechanisierung weiter fortsetzen wird.

Bei Kleinanbauern zeichnet sich ein gegenteiliger Trend ab. Die Gründe für den Einsatz von genetisch vielfältigen Nutzpflanzen variieren: Manche wünschen sich einen breitere Geschmackspalette, andere mögen die aufregenden Farben, wieder anderen liegt besonders viel am höheren Nährstoffgehalt solcher Pflanzen.

Ich baue Landsorten vor allem wegen ihrer Zuverlässigkeit an: Die Pflanzen sind weniger anfällig für Totalausfälle. Ich ernte außerdem den Vorteil, dass mein Essen nicht eintönig und langweilig aussieht oder schmeckt. Ich ernte von Hand; somit profitiere ich nicht von Einheitlichkeit.

Klonen

Nutzpflanzen, die durch Klonen (vegetativ) vermehrt werden, sind besonders anfällig für massive Ernteausfälle. Ein Schädling, der die Abwehrkräfte eines Klons überwindet, kann die gesamte Population auslöschen. Ich vermeide deshalb den Anbau von Klonen zugunsten von frei bestäubten Pflanzen. Ich erweitere die biologische Vielfalt der Pflanzen in meinem Garten, indem ich traditionell vegetativ vermehrte Pflanzen aus Samen ziehe, anstatt sie zu klonen.

Kartoffeln

Die meisten kommerziellen Kartoffelsorten (Solanum tuberosum) sind Klone ohne Blüten. Sie sind nicht in der Lage, Samen zu produzieren. Ich habe viele Sorten ausprobiert, um einige zu finden, die lebensfähige Samen produzieren. Ich habe aufgehört, Sorten anzubauen, die keine Samenbeeren bilden. Indem ich Kartoffeln aus frei bestäubten Samen anbaue, minimiere ich das Risiko einer Hungersnot in meinem Tal. Diejenigen von uns, die an diesem

Unterfangen beteiligt sind, sagen, dass wir Kartoffeln aus „echten Kartoffelsamen" anbauen. "Cultivariable" ist eine ausgezeichnete Quelle für echte Kartoffelsamen.

Topinambur (knollige Sonnenblume)

Topinambur (Helianthus tuberosus) ist für mich eine Nutzpflanze für die Ernährungssicherung. Sie wächst wie Unkraut. Sie gedeiht in meinem Ökosystem. Der Boden hier ähnelt dem schlammigen Lehm ihres natürlichen Lebensraums (nur trockener als dort, wo Rohrkolben wachsen). Ich ernte ein paar Eimer ihrer Knollen pro Jahr, um sie zu essen und mit Saatgut-Erhaltern zu teilen; aber die meisten bleiben im Boden.

Topinambur lässt sich gut im Boden lagern. Ich kann sie zwischen Oktober und April ernten, wenn der Boden nicht gefroren ist. Ich habe noch nie jemanden dabei erwischt, wie er Topinambur-Knollen gestohlen hat. Sie sind schwer auszugraben und die meisten Menschen sehen sie nicht als Nahrung an. Topinambur ist eine Kulturpflanze der Bergbewohner, die Jahr für Jahr Nahrung produziert, auch wenn sie in einem bestimmten Jahr nicht geerntet wird.

die größten 15% wilder Topinambur-Knollen

Ich baue genetisch vielfältige Topinambur aus Samen an. Topinambur wird typischerweise vegetativ vermehrt; Klon-Pflanzen dieser Art können sich nicht selbst oder gegenseitig befruchten und bilden daher keine Samen. Meine Topinambur-Pflanzen setzen aber überaus zahlreich Samen an, weil nicht verwandte Klone sich gegenseitig bestäuben können.

Ich habe eine kultivierte Topinambur-Pflanze mit einer wilden Sorte aus Kansas gekreuzt; danach habe ich auf "große Knollen" selektiert. Die kultivierte Sorte hat knubbelige Knollen, die schwierig in der Küche zu verwenden sind. Zwischen ihren Knubbeln bleibt Erde hängen. Ich habe auf das Ziel "Große, nicht knubbelige Knollen" selektiert.

Eine fremdbestäubende Pflanze kann sich an meinen Garten anpassen. So habe ich etwa 50 Topinambur-Sämlinge pro Jahr über drei Generationen gezogen. In jeder Generation selektierte ich die am besten wachsenden Klone, die sich wiederum gegenseitig vor der nächsten Generation bestäuben konnten.

Jedes Jahr habe ich etwa 15 % der neuen Sorten behalten, die ich dann weiter als Klone vermehrt habe. Ein Klon ist immer ein Klon. Meine Topinambur-Klone passen aber besser zu meinem Ökosystem und meinen kulinarischen Bedürfnissen als die im Handel erhältlichen. Ich könnte das Zuchtprojekt auch jederzeit neu starten; denn weil ich frei sich bestäubende Populationen ziehe, bilden sie jedes Jahr Samen. Einige von ihnen keimen darüber hinaus möglicherweise selbstbestimmt und bilden neue Sorten.

Manche Vögel allerdings lieben Topinambur-Samen. Um größere Mengen Samen zu sammeln, muss ich sie deshalb entweder kurz nach dem Abwerfen der Blütenblätter ernten oder die Samenköpfe mit Gaze-Beuteln umhüllen.

Wir kochen Topinambur, indem wir zu Suppen, Braten und Pfannengerichten einen kleinen Anteil hinzufügen. Bei Menschen, die es nicht gewohnt sind, sich probiotisch zu ernähren, stehen sie im Ruf, Blähungen auszulösen. Sie in kleinen Portionen einzunehmen, hilft, Blähungen zu vermeiden. Es hilft auch, Topinambur in Milch zu kochen und sie so in eine Suppe zu mischen, oder sie milchsauer einzulegen.

Knoblauch

Das Knoblauch-Genom hat noch mehr durch die vegetative Vermehrung, das Klonen, gelitten als das der Kartoffeln. Die meisten Klone sind nicht in der Lage, Samen zu bilden.

Echte Knoblauch-Samen

Wir haben wilde Vorfahren des Kultur-Knoblauchs aus dem Tian-Shan-Gebirge in Zentralasien erhalten, die die Fähigkeit behalten haben, Samen zu bilden. Wir schaffen neue Klone zur sofortigen Verwendung. Längerfristig könnte dieses Projekt eine Landsorte aus frei bestäubtem Knoblauch hervorbringen. Wir sagen, dass wir „Knoblauch aus echten Samen" anbauen.

Knoblauch hat sowohl Brutzwiebelchen (Bulbillen) als auch Samenkapseln in der Blütendolde. Die Bulbillen neigen dazu, eng zusammenzuwachsen und die Blüten zu zerquetschen. Um dies zu vermeiden, entfernen wir die Zwiebeln direkt nach dem Öffnen der Blüten. Einige Sorten haben lose miteinander verbundene Zwiebeln; andere Zwiebeln haften fest. Ich selektiere auf Brutzwiebeln, die bei Stößen leicht herausfallen. Einige Pflanzen können erfolgreich Samen bilden, ohne die Bulbillen zu entfernen.

Die violett gestreiften Sorten sind am engsten mit dem Knoblauch unserer Vorfahren verwandt und nützten uns am meisten.

Am zuverlässigsten hat sich der Anbau von Knoblauch im Wintersaatverfahren erwiesen. Einige Samen keimen ohne Kältebehandlung. Ich bevorzuge diese Sorten. Langfristig möchte ich Knoblauch, genau wie Zwiebeln, einjährig im Frühjahr säen.

Die Keimung von Knoblauch-Samen kann in der ersten Generation nur etwa 5 % betragen. Indem wir Knoblauch aber Generation für Generation aus Samen ziehen, selektieren wir auf Varianten, die leichter Samen bilden.

Avram Drucker von Garlicana ist eine wunderbare Quelle für den Erwerb von Knoblauchsorten, die in der Lage sind, echte Samen zu produzieren.

Bäume

Das Klonen von Bäumen ist weit verbreitet. Das ist aufgrund der Bekanntheit bestimmter Marken und für eine gewisse Beständigkeit von Vorteil. Aus Sicht der Ernährungssicherheit ist es gefährlich. Es besteht die Gefahr eines systemweiten Ernteausfalls, falls ein Schädling die Abwehrmechanismen überwindet. Arabica-Kaffee und Cavendish-Bananen sind baum- und strauchartige Kulturpflanzen mit weltweiter Verbreitung, die von einem möglicherweise bevorstehenden Totalausfall bedroht sind. Sie sind Beispiele für die Gefahren, die mit einem Ernährungssystem einhergehen, das auf vegetativer Vermehrung basiert.

Für eine maximale Ernährungssicherheit empfehle ich daher die Anzucht von Nahrungsmittelbäumen aus Samen. Das ermöglicht ihre lokale Anpassung. Es befördert Widerstandsfähigkeit gegen Schädlinge und Krankheiten. Später in diesem Buch widme ich einen Unterabschnitt der Diskussion Bäumen, die aus Samen gezogen werden.

Ganzjähriger Anbau

Der Anbau verschiedener Arten ermöglicht die Ernte zu unterschiedlichen Jahreszeiten. Der Anbau von Nahrungsmitteln zu allen Jahreszeiten erhöht die Ernährungssicherheit. Der Anbau unterschiedlicher Pflanzenarten ermöglicht unterschiedliche Lagerungsmethoden. Kürbis hält sich auf einem trockenen Regal bei Zimmertemperatur. Hackfrüchte lassen sich am besten an kühlen, feuchten und dunklen Orten lagern. Frühlingsgrün lässt sich hervorragend draußen direkt mit der Hand zum Mund führen.

Einer meiner Nachbarn pflanzt Mitte August Spinat an, der dann als junge Pflanze überwintert und im Frühjahr verzehrfertig ist, bevor jemand anderes auch nur daran gedacht hat, etwas auszusäen.

Pilze

Pilze eignen sich wunderbar, um einem Anbau Vielfalt zu verleihen. Sie bilden typischerweise in Zeiten starker Regenfälle ihre Hüte. In solchen Zeiten ist der Garten viel zu schmierig, um darin zu arbeiten. Zeit für Pilzmahlzeiten!

Ich ziehe Pilze nur im Freien. Ich bin nicht bereit zu versuchen, alles so zu sterilisieren, wie es für einen Anbau in einem geschlossenen Raum nötig ist. Ich habe jahrzehntelang als Chemiker gearbeitet. Sterilisation ist für mich unbefriedigend. Ich mag sie weder emotional noch philosophisch. Und sie bedeutet viel zu viel Arbeit.

Meine grundlegende Methode besteht darin, alle ausgesonderten Pilzstücke mit dem Wasser zu mischen, mit dem sie gewaschen wurden, und die Brühe dann auf geeignete Substrate zu schütten, auf denen Pilze wachsen sollen.

Pilze können sich selbst versorgen, wenn sie in geeignete Habitate gesetzt werden. Ernten verlangt nur, sie während oder unmittelbar nach feuchtem Wetter zu kontrollieren.

Es gibt einen Abschnitt über den Anbau von Pilzen weiter hinten im Buch.

Frühlingsgrün

Ich baue Zuckerwurzel (Sium sisarum) an. Es ist eine mehrjährige Pflanze und meine früheste Grünpflanzenernte im Frühjahr. Im Sommer und Herbst ist mir der Geschmack egal. Nach einem Winter ohne Grün ist Zuckerwurzel ein besonderer Genuss. Für mich sind Blätter vom Löwenzahn (Taraxacum spec.) nur genießbar, wenn sie von Pflanzen stammen, die im Schatten wachsen und so lange das Wetter nicht zu warm wird.

Etagenzwiebeln (auch Ägyptische oder Luftzwiebeln genannt) können zwei Wochen nach der Schneeschmelze geerntet werden. Sie sind zu dieser Zeit wahre Seelennahrung. Ich esse den ganzen Sommer über das Zwiebelgrün. Unter meinen Wachstumsbedingungen sind sie während der gesamten Vegetationsperiode als Frühlingszwiebeln zu verwerten.

Grünkohl, Kohl oder Rosenkohl können überwintern. Das Grün, das sie im zeitigen Frühjahr bieten, ist das süßeste des ganzen Jahres.

Wurzelgemüse

Ich baue Topinambur, Karotten und Rüben an, die den Winter über im Boden bleiben. Es ist beruhigend zu wissen, dass ich sie immer dann ausgraben kann, wenn der Boden nicht gefroren ist.

Im Boden überwintert

Eventuell lege ich im Herbst Stroh über sie, um das Gefrieren des Bodens zu minimieren.

Wurzelkeller bewahren Pflanzen am besten, die unter dunklen, feuchten Bedingungen lagern müssen. Der Wurzelkeller meines Großvaters war ein Loch im Boden, in dem ein paar Eimer Kartoffeln Platz hatten, und das er mit einem Brett und Stroh bedeckte.

Samen

Die Saatgutgewinnung bringt viel mehr Samen, als für die Aussaat erforderlich sind. Viele Arten von Samen sind entweder allein essbar oder können Brot, Pfannengerichten oder Suppen zugesetzt werden.

Mixer können Samen in essbares Mehl verwandeln. Frisch zubereiteter Senf ist großartig.

Viel-Arten-Vielfalt

Zusätzlich zur Erhaltung der Vielfalt innerhalb einer Art können wir die Vielfalt und "Betriebssicherheit" unserer Gärten durch den Anbau zusätzlicher Arten erhöhen. Anstatt nur gewöhnliche Bohnen anzubauen, baue ich zahlreiche Leguminosen an, wie Ackerbohnen, Gartenerbsen, Wintererbsen, Stangenbohnen, Lupinen, Tepary-Bohnen, Augenbohnen, Kichererbsen, Limabohnen, Linsen, Bockshornklee, Luzerne und Platterbsen. Es ist unwahrscheinlich, dass eine Krankheit, ein Parasit, ein Unkraut, ein Insekt oder ein Wetterphänomen alle diese Arten gleichzeitig dahinrafft.

Einige Hülsenfrüchte mögen feucht-heißes Klima; andere gedeihen bei trocken-heißem Klima. Einige sind frosttolerant oder winterhart. Da sie viele Präferenzen haben, gedeiht wahrscheinlich die eine oder andere Sorte bei mir, unabhängig vom Wetter.

Möglicherweise mag ich den Geschmack einiger Arten nicht, die ich zusätzlich anbaue. In einer Überlebenssituation würde ich sie aber essen - und sie sogar lieben. Der Feigenblattkürbis hat weißes Fruchtfleisch und Samen, die wie in einer Wassermelone angeordnet sind. Er schmeckt langweilig; aber er scheint unempfindlich gegen Kürbiswanzen und Krankheiten zu sein. Seine Samen sind groß und essbar.

Wildpflanzennahrung

Getreide, Pilze, Bäume und Heilkräuter sind Arten, die in die Wildnis gepflanzt und nach Bedarf geerntet werden können. Viele wild wachsende Arten sind als Nahrung brauchbar. Sie als Nahrungsquelle zu nutzen, ist so einfach, wie darauf zu achten, was wann und wo wächst, und sie dann zu gegebener Zeit auf ihren Reifezustand hin zu kontrollieren. Ich liebe es, für mich Ernte-Erinnerungssätze wie die folgenden zu erfinden.

- Suche nach Morcheln, wenn das Gras 15 Zentimeter hoch ist.
- Schau Dir den Aprikosenhain an, wenn Bryce Geburtstag hat.
- Es ist zwei Wochen her, seit der Schnee geschmolzen ist, pflücke Luft-Zwiebeln!
- Vor zwei Tagen hat es geregnet. Zeit, um nach Austernpilzen Ausschau zu halten.

Unkräuter sind wichtig für die Ernährungssicherheit. Sie sind lokal angepasster als alles, was man kaufen kann und von weit her kommt; deshalb esse ich mehr Gänsefuß (Chenopodium spec.) als Salat. Ich esse auch mehr wild-wachsende Austernpilze als Champignons, die ich im im Laden kaufe.

Seed Swap
Ogden Seed Exchange

Saturday
Feb 9th, 2019
10:00 AM - NOON
Ogden Preparatory Academy
1415 Lincoln Ave. - Ogden

NOTE- Begining this year only locally grown and saved seeds will be welcome at this event.
You do not have to bring your own seeds to participate and remember to bring envelopes or baggies for your trade or purchase.

FOR QUESTIONS EMAIL US : OGDENSEEDEXCHANGE@GMAIL.COM
VISIT OGDEN SEED EXCHANGE ON FACEBOOK

Supported By:

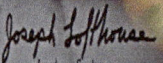

EXTENSION
UtahStateUniversity.

School GARDEN

GRAND PRISMATIG SEED

ROCKY MOUNTAIN SEED ALLIANCE

Joseph Lofthouse
Landrace Seedsman

Delectation of Tomatoes, etc.
www.delectationoftomatoes.com

GROUNDS FOR COFFEE
"A Legal Brew"

Pflege von Landsorten

Landsorten lassen sich am einfachsten durch gemeinschaftliche Anstrengung pflegen. Die besten und stärksten Landsorten sind diejenigen, die in einer lokalen oder regionalen Gemeinschaft weit verbreitet angebaut werden.

Ich tausche häufig Samen mit Nachbarn. Auf diese Weise kann ich von der lokalen Anpassung profitieren, die sie in unserem Tal erlebt haben. Ich kenne die Praktiken einiger Nachbarn besser als die anderer. Mit einigen Nachbarn arbeite ich seit langem zusammen, und ich vertraue ihrem Saatgut vollkommen und säe es in großen Mengen aus. Von anderen Nachbarn weiß ich nichts. Ihr Saatgut behandle ich wie fremdes Saatgut und baue es nur in begrenzten Mengen oder in Halbisolation an.

Die Saatgutbörse in Ogden ist mein wichtigster Treffpunkt, um lokal angepasstes Saatgut zu tauschen oder zu kaufen. Dieser Tauschplatz hat sich als Grundregel "Ausschließlich lokal gewonnenes Saatgut" auferlegt.

Ich betrachte es als meine Pflicht als Bauer, gesunde und wüchsige Landrassenpopulationen von den Nutzpflanzen zu erhalten, die die Menschen, die ich ernähre, am meisten wünschen. Meine Handlungsliste dafür sieht wie folgt aus:

- Tausche Samen mit den Nachbarn.
- Füge gelegentlich neue Gene hinzu.
- Säe jedes Jahr auch etwas älteres Saatgut aus.
- Baue Populationen an, die groß genug sind, um genetische Vielfalt zu erhalten.

- Sei großzügig bei der Selektion.
- Bevorzuge selbstständig auftauchende Hybride.

Neue Gene hinzufügen

Von Zeit zu Zeit füge ich meinem Landsortengemüse eine kleine Menge neuer Sorten hinzu. Ich nenne sie fremde Sorten, weil sie nicht aus meiner Gegend stammen. Vielleicht ist unter den neuen Pflanzen eine, die genau das ist, was mein Garten braucht. Wenn sich welche gut machen, nehme ich vielleicht Samen von ihnen. Wenn sie kümmern, tragen sie möglicherweise trotzdem ihr Erbgut (Pollen) bei. Ich säe jedes Jahr bis zu 10 % nicht lokal angepasstes Saatgut aus, ohne mir Sorgen zu machen, dass es meine Landsorten dramatisch beeinträchtigen könnte.

Der ständige Zufluss neuer Gene minimiert Inzuchtdepressionen und kann nützliche Gene in die Population einbringen. Dadurch bleibt auch die "effektive Populationsgröße" über der kleinsten, überlebensfähigen Population.

Ältere Gene bewahren

Jedes Jahr schließe ich in meine Aussaaten Samen aus mehreren Vorjahren ein. Ich tue dies, um zu vermeiden, dass sich das genetische Gleichgewicht der Population durch eine einzige missratene Vegetationsperiode radikal verändert. Es trägt außerdem dazu bei, Pflanzen zu behalten, die in heißeren oder kühleren Vegetationsperioden sowie in feuchteren oder trockeneren Jahreszeiten gut gedeihen. Dieses Saatgut steuert etwa 10 bis 30 Prozent zu meiner Gesamternte bei.

Größere Populationen anstreben

Die beste Vorgehensweise, um Inzuchtdepressionen zu vermeiden, besteht bei der Saatgutgewinnung und Pflanzenzüchtung darin, größere Populationen zu unterhalten. Ich werde jetzt keine genauen Populationsgrößen angeben, aber am besten säst Du nicht einfach nur einen Samen von Generation zu Generation aus.

Historisch gesehen wurden große Populationen dadurch erhalten, dass Saatgut innerhalb einer Gemeinschaft geteilt wurde. Die Gesamtpopulationsgröße entspricht dann der Population aller Pflanzen, die in allen Gärten der Gemeinde angebaut werden. Die Aussaat von Samen aus mehreren vorherigen Generationen erhöht die Gesamtpopulationsgröße ebenfalls, ebenso wie die Kombination von Saatgut aus kleinen und großen Gärten.

Ich mache mir keine Sorgen über die Populationsgröße bei Kulturpflanzen, die sehr vielfältig sind. Die Populationsgröße ist meist ein Problem bei fremdbestäubenden Sorten, die bereits länger durch Inzucht vermehrt wurden.

Der Verlust an Vitalität ist bei den Arten, die sich überwiegend selbst befruchten, nicht so deutlich bemerkbar. Wir vergleichen sie am besten mit Artgenossen, die bereits an Inzuchtdepression leiden.

Ich liebe es, Hybridbohnen anzubauen; sie sind wüchsig und robust. Für einige Generationen sind sie die Wüchsigsten im Garten; aber dann kehren sie zur ursprünglichen Inzucht zurück und verlieren an Vitalität.

Die Literatur zur Saatgutgewinnung ist voll von Regeln für den Anbau großer Pflanzenpopulationen, um Inzucht zu vermeiden. Diese Empfehlungen richten sich an Nutzpflanzen, die seit 8 bis 50 Generationen stark ingezüchtet wurden. Die hohe genetische Diversität innerhalb der Landsorten minimiert das Risiko einer Inzuchtdepression.

Auch auf begrenztem Platz kann man vitales Saatgut anbauen, indem man die Richtlinien in diesem Kapitel beherzigt.

Eine Technik, die ich verwende, um große Populationen auf begrenztem Raum zu ziehen, ist, die Pflanzungen zu verdichten. Ich pflanze zum Beispiel 10 bis 25 Tomatenpflanzen auf einen Haufen. Oder ich pflanze eine Reihe Tomaten im Abstand von 15 cm.

Großzügig selektieren

Eine großzügige Selektion bedeutet, Samen von Pflanzen mit unterschiedlichen Größen, Formen, Farben, Texturen, Geschmacksrichtungen und Reifedaten aufzubewahren. Ich gewinne viel Saatgut von bestens wachsenden Pflanzen und weniger Saatgut von Pflanzen, die Probleme haben. Ich gewinne mehr Samen von Pflanzen, die wohlschmeckende Lebensmittel produzieren, als von Pflanzen, die weniger aromatische bieten. Wenn das Produkt einer Pflanze essbar ist, ist sie ein Kandidat für die Saatgutgewinnung. Dadurch kann sich die Population lokal anpassen und gleichzeitig die genetische Vielfalt erhalten bleiben. Diese Vielfalt macht es möglich, dass sich das Saatgut an klimatische Veränderungen, neue Insekten, Böden und Praktiken des Landwirts anpasst.

Kreuzungen bevorzugen

Wenn ich eine natürlich entstandene Hybride bei einer sich typischerweise selbstbefruchtenden Art bemerke, bewahre ich deren Samen separat auf. Es bekommt im nächsten Jahr einen besonderen Platz im Garten. Ich schätze diese seltenen Hybriden, weil sie besonders wüchsig sind. Sie verfügen über eine neue, einzigartige Gen-Kombination, die vielleicht in meinem Garten gedeiht.

Indem ich Samen von natürlich gekreuzten Pflanzen verwende, wähle ich Nachkommen aus, bei denen die Wahrscheinlichkeit höher ist, dass sie sich erneut natürlich kreuzen. Vielleicht waren ihre Blüten etwas offener; vielleicht hatten sie einen Geruch oder eine Farbe, die für Bestäuber attraktiver waren. Da die Nachkommen ihren Eltern und Großeltern ähneln, führt die bevorzugte Aussaat natürlich gekreuzter Samen dazu, dass die Population in Zukunft höhere Kreuzungsraten aufweist.

Zusammenfassung

Diese Praktiken erhalten bei Landsorten eine breite genetische Basis und tragen so dazu bei, Inzuchtdepressionen zu vermeiden. Die Populationsgröße einer auf diese Weise gepflegten Landsorte umfasst alle Pflanzen, die in allen Gärten eines Gebiets über alle Jahre hinweg angebaut wurden. Dieses Vorgehen ermöglicht die Erhaltung von Landsorten und ermöglicht ihnen gleichzeitig eine kontinuierliche Anpassung an die örtlichen Gegebenheiten.

Genetisch vielfältiges Saatgut hat eine höhere Wahrscheinlichkeit, auch in fernerer Zukunft zu überleben. Das Hinzufügen neuer Gene von Zeit zu Zeit erhöht die genetische Vielfalt. Eine großzügige Selektion und die Beimischung von Saatgut aus früheren Jahren trägt dazu bei, die lokale Anpassung aufrechtzuerhalten, und vergrößert die Population. Die Nutzung gekreuzten Saatguts hilft der Population, sich an veränderte Bedingungen anzupassen. Der Austausch innerhalb einer Gemeinschaft trägt dazu bei, kleinere und größere Verluste sowie Totalverluste abzumildern.

Schädlinge und Krankheiten

Ich freue mich über Schädlinge und Krankheiten in meinem Garten, da sie meine Pflanzen dabei unterstützen, stark und widerstandsfähig zu werden; deshalb heiße ich alle Arten von Pflanzen, Tieren, Pilzen und Mikroorganismen willkommen. Sie bereiten mir einfach Freude.

Ich versuche nicht, Schadorganismen abzutöten oder Krankheitserreger auszurotten. Vielleicht helfe ich ihnen sogar beim Überleben. Ich versprühe keine Gifte in meinem Garten. Ich sprühe auch keine Stoffe, die Gifte ersetzen sollen. Ich möchte, dass meine Pflanzen mit dem bestehenden Ökosystem klarkommen. Meine Pflanzen leben oder sterben, ohne dass ich eingreife. Ich achte kaum auf Schädlinge oder Krankheiten. So lange ich leckere Produkte ernte, kümmere ich mich nicht um Kleinigkeiten.

Wenn ich versuchen würde, eine bestimmte Art von Schädling oder Mikroorganismus abzutöten, würde ich unabsichtlich alle Organismen schädigen, einschließlich derjenigen, die den Pflanzen entscheidende symbiotische Vorteile bringen.

Diese Einstellung spart mir Zeit, Geld und Stress. Die anfänglichen Kosteneinsparungen liegen auf der Hand. Ich setze weder Geld ein, um Wirkstoffe zu kaufen, noch Arbeitskraft, um sie anzuwenden. Weniger offensichtlich sind die langfristigen Vorteile. Indem ich meinen Pflanzen das Zusammenleben mit Unkräutern, Insekten, Krankheiten und Mikroben zumute, bleiben letztlich nur die Pflanzen übrig, die in ihrer Gegenwart gedeihen.

Rückkehr zur Resistenz

Ich empfehle wärmstens Raoul Robinsons Buch *Return to Resistance: Breeding Crops to Reduce Pesticide Dependeence*. Es steht kostenlos als PDF zum Download zur Verfügung. Ich erinnere mich an seinen Rat, Nutzpflanzen in Gebieten voller Krankheiten und Schädlinge anzubauen. Auch wenn es gegen das intuitive Gefühl verstoßen mag, empfiehlt er, zuerst die Pflanzen auszusortieren, die gut gedeihen, und nur diejenigen zu behalten, die sehr anfällig für Schädlinge oder Krankheiten zu sein scheinen; erst in den folgenden Jahren gilt es, unter den Überlebenden diejenigen auszuwählen, die gut gedeihen.

Seine Methode selektiert auf Pflanzen, die über viele Gene verfügen, die jeweils ein bisschen zur Resistenz beitragen. Dies wird als horizontale Resistenz bezeichnet. Jedes Gen hat nur einen geringen Einfluss auf die allgemeine Gesundheit der Pflanze. Wenn ein Schädling oder eine Krankheit ein Gen überwindet, verfügt die Pflanze immer noch über viele andere, die zur Gesamtresistenz beitragen.

Wenn ein einzelnes Gen einen großen Einfluss auf die Resistenz hat (wie es bei den anfänglich gut gedeihenden Pflanzen der Fall gewesen sein kann, die aussortiert wurden), spricht man von vertikaler Resistenz. Pflanzen, deren Überleben auf vertikaler Resistenz beruht, sind anfällig für plötzliche Totalausfälle.

In Samenkatalogen ist es üblich, insbesondere bei Tomaten, Listen von Resistenz-Genen anzugeben, die eine Pflanze besitzt, beispielsweise: VFNTA. Die Leute denken, je mehr dieser Gene eine Pflanze besitzt, über desto mehr Resistenz würde sie verfügen.

Ich habe eine andere Schlussfolgerung gezogen, nachdem ich Raouls Arbeit gelesen und meinen eigenen Garten beobachtet habe.

Resistenzen, die auf einzelnen Genen beruhen, sind anfällig dafür zu versagen, was zu einem Totalausfall führen kann, je nach der

Resistenz, welche auf diesem einem Gen beruht. Im Freizügig-bestäubenden-Tomatenprojekt haben wir uns absichtlich entschieden, mit älteren Sorten zu starten, von denen nicht bekannt war, ob sie benannte Resistenzgene besitzen. Da sie zu 100% fremdbestäubt werden, ordnen sich Gene rasch neu, so dass viele Gene mit geringer Wirkung kombiniert hochresistente Pflanzen schaffen.

Kartoffelkäfer

Colorado-Kartoffelkäfer stören meine Kartoffeln nicht, obwohl Käfer und Kartoffeln in meinem Garten häufig sind. Die Käfer leben das ganze Jahr über in meinem Garten. Das bedeutet, dass ich einen mehrjährigen Vertrag mit ihnen abschließen kann. Ich kann sowohl ihre Gene als auch ihre Lebensweise beeinflussen.

Mein Vertrag mit den Käfern lautet ungefähr so:

- Ich werde niemals Gift in meinem Garten einsetzen noch einen Käfer belästigen, der sich an den Vertrag hält.
- Die Käfer können den Argentinischen Nachtschatten (Solanum physalifolium) fressen, der als Unkraut in meinem Garten wächst. Ich werde Käfern nicht schaden, die sich nur am Unkraut laben.
- Ich werde das Unkraut in einigen Bereichen des Gartens wachsen lassen.
- Käfer, die auf Kartoffelpflanzen zu finden sind, werden zerquetscht.
- Jede Nutzpflanze, die wiederholt Käfer anzieht, wird ausgerissen.

Das ist so ziemlich der ganze Vertrag. Die Käfer fressen das Unkraut und lassen meine Früchte in Ruhe. Diese Strategie würde nicht mit Insekten funktionieren, die der Wind heranbläst. Er funktioniert nur mit dauerhaften Mitbewohnern.

Ein Käferweibchen neigt dazu, seine Eier auf die gleiche Pflanzenart zu legen, auf der es aufgewachsen ist. Darauf basiert die Käferkultur, die ich beschrieben habe. Babykäfer wachsen auf und tun, was sie von ihrer Mutter mitbekommen haben. Es kann auch eine selbstverstärkende genetische Komponente geben, wenn die Käfer auf Dauer lieber Solanum-Unkraut fressen; denn diejenigen, die sich von Kartoffelpflanzen ernähren, vermehren sich weniger wahrscheinlich, da ein Teil von mir getötet wird.

Manchmal wird eine bestimmte Tomate oder eine Kartoffelpflanze wiederholt befallen. Sowohl die Käfer, die befallen, als auch die Nutzpflanze haben ihr Leben verwirkt. Ich möchte keine Pflanzen anbauen, die Gerüche oder Texturen erzeugen, mit denen sie Käfer anlocken und ihnen damit die Einhaltung des Vertrags erschweren. Ich möchte keine Generation von Käfern aufziehen, die nützliche Pflanzen attraktiv findet. Ich mache Tierzüchtung bei den Käfern und Pflanzenzucht beim Gemüse, um sie dazu zu bringen, friedlich miteinander zu koexistieren.

Vögel und Säugetiere

Im ersten Jahr, in dem ich „Astronomy Domine"-Zuckermais angebaut habe, gab es eine große Variation von Phänotypen. Einige Pflanzen wuchsen hüfthoch, sodass die Kolben eine perfekte Höhe für Fasane hatten, die Körner auszupicken. Ich habe nur von den höheren Pflanzen Saatgut gewonnen. In späteren Generationen beeinträchtigten die Fasane die Maisernte nicht mehr.

Einige Jahre später fingen Waschbären und Stinktiere an, eine andere Maissorte zu mögen. Ich erlaubte ihnen, das zu nehmen, was sie wollten, und habe nur Samen von den Maiskolben aufgehoben, die diese Viecher nicht gefressen haben. Nach einigen Jahren wurden die Stängel steifer und die Maiskolben wuchsen höher über den Boden. Räubereien durch Säugetiere waren kein Problem mehr.

Die Pflanzen lösten die Probleme mit Vögeln und Säugetieren sozusagen selbst. Ich dachte darüber nach, welche Körner ich als Saatgut verwenden sollte. Wenn eine Pflanze flach auf dem Boden lag und die Tiere die obere Hälfte der Körner gefressen hatten, nahm ich die restlichen nicht als Saatgut. Ich nutzte nur die Körner von Kolben der hohen, kräftigen Pflanzen, die die Tiere nicht gefressen hatten.

Ein unbeabsichtigter Nebeneffekt dieser Anti-Räuber-Selektion war, dass die Kolben jetzt viel höher über dem Boden wachsen. Sie sind etwa in Brusthöhe, was das Ernten erleichtert. Ich mag es nämlich nicht, mich beim Ernten zu bücken.

Flaum

Flaumige Blätter oder Früchte können Insekten oder Säugetiere abhalten, sie zu fressen; daher erforsche ich die Flauschigkeit mehrerer Arten. Durch weniger Insektenstiche gelangen weniger Mikroben und Viren in die Pflanze. Vielleicht reduziert Flaum Sonnenbrand an Früchten, insbesondere in der Wüste oder in großen Höhen.

Beim Ernten von flaumigen Früchten kann es notwendig sein, Handschuhe zu tragen. Das mache ich schon bei Okra; aber es wäre auch bei anderen Nutzpflanzen in Ordnung.

Wenn ich am Ende auf flaumige Tomatenfrüchte selektiere, mögen sie nur zu Dosentomaten taugen, denn ich mag das Gefühl von Flaum auf der Zunge nicht. Beim Winterkürbis würde das keine Rolle spielen, da ich normalerweise die Schale der Winterkürbisse nicht esse.

Blütenendfäule

Ich habe gelesen, wie sich Menschen mit Blütenendfäule bei Tomaten abmühen. Sie geben sich selbst die Schuld, weil sie die Tomaten in den falschen Boden gepflanzt oder sie zu unregelmäßig bewässert haben. Sie verfallen auf ausgefeilte Düngeprotokolle und exotische Zutaten, um zu verhindern, dass die Früchte verfaulen.

Meine Tomaten und Kürbisse sind nicht von Blütenendfäule betroffen. Das liegt daran, dass ich sie nicht in meinem Garten toleriere. Wenn eine Pflanze auch nur eine Frucht mit Blütenendfäule hat, wird sie ausgerissen, sobald ich es merke. Mein Garten ist eine Zone ohne Ausreden.

Meine Einstellung zur Blütenendfäule ist, dass es sich dabei nicht um ein Boden- oder Bewässerungsproblem handelt; es liegt nicht an der Nachlässigkeit des Gärtners. Ich führe die Blütenendfäule auf eine genetische Veranlagung der Pflanze zurück. Es ist einfach, Pflanzen zu selektieren, die nicht zu Blütenendfäule neigen.

Wenn Du Samen von Pflanzen gewinnst, die Blütenendfäule hatten, selektierst Du auf die Erhaltung dieser Eigenschaft. Tue Dir selbst und zukünftigen Generationen einen Gefallen und höre auf, Sorten anzubauen und zu vermehren, die für Blütenendfäule anfällig sind. Wir müssen keine alten Tomatensorten pflegen, die schlechten Eigenschaften haben.

Motten und Tagfalter

Ich begrüße jedes Lebewesen in meinem Garten. Alle Arten sind herzlich eingeladen, inmitten meiner Kulturpflanzen zu leben. Tag- und Nachtschmetterlinge machen mir Freude. Ich freue mich, für sie sorgen zu können. Die Leute behandeln die Raupen des Tomatenschwärmers (Manduca quinquemaculatus), häufig "Tomaten-

Hornwurm" genannt, schlecht, weil sie Tomatenblätter fressen. Sie werden riesig und fressen viel zu viel! Ich habe von Leuten gelesen, die einen Krieg gegen die Raupen führen, nur um ein paar zusätzliche Tomatenfrüchte zu ernten. Ich freue mich dagegen, die Tomaten mit den "Kolibri-Motten" teilen zu

Kolibri-Schwärmer

können. Meine Pflanzen wachsen üppig. Es gibt jede Menge Tomaten zum Teilen. Die Raupen verwandeln sich in Kolibri-Motten, die einen besonderen Platz in meinem Herzen haben, weil ich sie als Kind oft beobachtet habe, als ich in der Nähe von Großmutters Blumenbeeten lag. Mein Herz singt, wenn ich sie sehe.

Die Kolibri-Motten haben extra lange Rüssel und können somit Pflanzen bestäuben, die andere Bestäuber nicht nutzen können. Mein lokales Ökosystem ist gesünder, weil ich den Tomaten-Hornwürmern erlaube, mit meinem Garten zu koexistieren. Manchmal beherbergen die Raupen Schlupfwespen, was gut für mein Ökosystem ist und zur Reduzierung der Insektenpopulationen beiträgt. Ich stelle den Schlupfwespen Unterschlupf zur Verfügung.

Ebenso heiße ich die Kohlmotten und ihre Raupen willkommen. Ich pflege ein intaktes Ökosystem und daher ist ihre Zahl moderat. Ich baue Rotkohl und Grünkohl an, weil auf ihnen die grünen Raupen für Räuber besser sichtbar sind, die ihre Zahl auf natürliche Weise unter Kontrolle halten.

In meinem Ökosystem werden Kohlmotten mit den sommerlichen Monsunregen herbeigeweht. Überwinternde Kohlarten wie winterharter Grünkohl und Rosenkohl werden geerntet, bevor die Falter eintreffen. Auch einige im Frühling gepflanzte Kohlarten werden geerntet, bevor die Motten eintreffen. Andere Arten werden von den Faltern nicht gemocht.

Ich erlaube der Schönen Seidenpflanze (Asclepias speciosa) als Unkraut auf meinen Feldern zu wachsen, wo sie jeden Sommer etwa hundert Monarchfalter ernährt. Wenn eine dieser milchsaft-haltigen Pflanzen in der Reihe wächst, lasse ich sie wachsen und opfere vielleicht sogar das nächstwachsende Gemüse, um ihr Platz zu schaffen.

Mikroorganismen

Ich behandle das Mikrobiom in meinem Körper und meinen Feldern als wertvolle Ressource. Ich bringe keine Substanzen auf das Feld oder in meinen Körper, die das mikrobielle Leben dort schädigen könnten. Jede Art spielt eine wichtige Rolle im Tanz des Lebens. Es wäre dumm von mir, Teile des Mikrobioms auszurotten, ohne zu wissen, welche Rolle sie spielen.

Je länger ich gärtnere, desto klarer wird mir, dass ich auch eine Portion des Bodens, in dem die Art wuchs, mit anderen teilen sollte, um so viel wie möglich von einem intakten Ökosystem in ein anderes zu übertragen. Meine Pflanzen sind eng und synergetisch mit dem Mikrobiom meiner Farm und meines Körpers verbunden. Die Samen in den Mund zu nehmen, bevor man sie aussät, ist eine ausgezeichnete Möglichkeit, etwas von diesem Mikrobiom zurück aufs Feld zu bringen.

Tepary-Bohnen, bevor sie zu Hybriden wurden

Tepary-Bohnen nach ihrer Hybridisierung

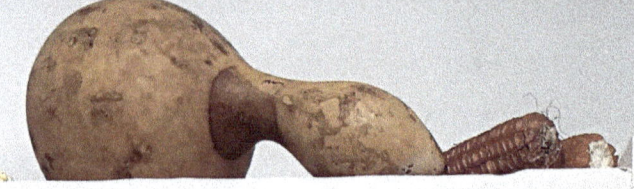

Saatgut gewinnen

Die Saatgutgewinnung ist ein wesentlicher Bestandteil des Gärtnerns mit Landsorten. Wir können unsere Gärten an unsere spezifischen Wachstumsbedingungen und Vorgehensweisen anpassen, indem wir genetisch vielfältiges Saatgut verwenden, Fremdbestäubung ermöglichen und dann das Saatgut gewinnen und wieder aussäen.

Das Gewinnen von Saatgut muss nicht der komplizierte, sehr aufwändige und technische Prozess sein, den manche Anleitungen vertreten. Vor der Erfindung der Schrift ernteten Analphabeten Samen. Sie haben unsere populären Nahrungspflanzen entwickelt. Pflanzensamen sind widerstandsfähig. Es spielt keine große Rolle, welche spezifischen Techniken wir bei der Saatgutgewinnung anwenden. Wir müssen unsere Samen nicht wie Roboter reinigen. Unsere Samen werden höchstwahrscheinlich wachsen, wenn wir sie aussäen. Das Wichtigste beim Landsorten-Gärtnern ist, lokal angepasste, genetisch vielfältige Samen zu gewinnen und wieder auszusäen.

Das grundlegende Wissen bezüglich der Saatgutgewinnung besteht darin, dass Pflanzen Samen produzieren und dass Samen ausgesät werden müssen, um neue Pflanzen wachsen zu lassen. Es ist auch gut zu wissen, dass Nachkommen ihren Eltern und Großeltern ähneln und dass manchmal ein Merkmal eine Generation überspringt. Wir wissen vielleicht nicht, wer der Vater ist; aber wir können wissen, wer die Mutter ist. Geschwister neigen dazu, ähnliche Eigenschaften zu haben, egal ob sie Vollgeschwister oder Halbgeschwister sind.

Ich mache mir keine großen Sorgen um die Reinheit der Pflanzen. Eine trockene Suppenbohne ist eine trockene Suppenbohne, unabhängig von Farbe, Größe oder Art.

Es gibt Leute, die sagen, dass Hobbygärtner kein Saatgut gewinnen sollten, weil sie es vielleicht nicht rein vermehren könnten. Für mich ist das ein besonders guter Grund, Saatgut zu gewinnen. Ich möchte keine Klone der Mutterpflanze, ich möchte eine genetisch vielfältige, sich gegenseitig bestäubende Familie ziehen, damit sich der Nachwuchs in meinem Garten anpassen kann. Das Gewinnen von Saatgut beim Gärtnern mit Landsorten entschärft die Isolationsprobleme, die Menschen haben, die versuchen, die Reinheit hoch inzüchtiger Sorten aufrechtzuerhalten. Ich arbeite geradezu darauf hin, dass meine Pflanzen sich gegenseitig bestäuben.

Menschen sind soziale Wesen. Uns geht es gut, wenn wir teilen und miteinander kooperieren. Da ich nicht von allen Arten Saatgut gewinne, die ich für meinen Betrieb brauche, habe ich ein Kooperationsnetz mit Anbauern aufgebaut, die in der Nähe wohnen. Wir teilen unser Saatgut miteinander. Ich bin glücklich mit meinem Saatguttauschnetz; denn auch wenn das Saatgut nicht genau an meinen Garten angepasst ist, so doch wenigstens schon gut an mein Tal. Wenn mein lokales Netzwerk einmal nicht über genetisch vielfältiges Landsorten-Saatgut verfügt, können auch weiter entfernt wohnende Kollegen genetische Vielfalt beisteuern.

Saatgut ernten

Es gibt zwei Arten, Samen zu ernten: Die Samen befinden sich in trockenem Pflanzenmaterial oder in feuchten Früchten.

Ernte aus trockenem Pflanzenmaterial

Bei trockenem Pflanzenmaterial besteht die Ernte im Allgemeinen darin, das Pflanzenmaterial zu zerkleinern und dann die Samen durch Sieben und/oder Worfeln von der Spreu zu trennen. Dies funktioniert am besten bei völlig trockenen Pflanzen.

Wenn Samen auszufallen drohen, bevor die Pflanze trocken ist, pflücke ich die Pflanzen und lagere sie auf einem Tuch, vor Regen und Tau geschützt. Nachdem sie getrocknet sind, dresche und worfele ich sie.

Die Samen, die trocken geerntet werden, sind durch einem kurzen Regenschauer nicht gefährdet. Wenn aber wochenlang Regen vorhergesagt wird, ernte ich sie lieber vor der Regenperiode und lagere sie bis zum Dreschen an einem trockenen, luftigen Ort. Feuchtigkeit und Schimmel sind kein guter Freund von Saatgut, das trocken geerntet werden muss.

Manche Samen stecken in becherartigen Kapseln, Mohn zum Beispiel. Das Ernten ist so einfach wie das Auskippen der Kapsel über einem Gefäß. Es macht keinen Sinn, die Samenkapsel zu zerstoßen, wenn die Samen durch eine viel einfachere Methode sauberer geerntet werden können.

Manche Samenkapseln zerbrechen leicht, wenn man auf sie tritt. Für andere Samenbehälter braucht es mehr Kraft, wie z. B. Schläge mit einem Stock. Ich mag es wirklich, die Pflanzen auszuziehen und sie gegen die Innenseite einer Mülltonne zu schlagen, bis die Samen ausfallen. Ich wende diese Technik bei Nutzpflanzen wie Bohnen, Salat, Senf, Grünkohl und Flachs an.

Ein Teil der Samen bleibt nach dem Sieben in der Spreu. Diese Reststoffe eignen sich hervorragend zum Füttern von Tieren oder zum Besäen von bestimmten Bereichen des Gartens oder der Wildnis.

Samen, die wir selbst ernten, müssen nicht so makellos aussehen wie kommerzielles Saatgut. Sie wachsen immer noch hervorragend, auch wenn wir ein wenig Spreu mit den Samen aussäen.

Ich vermeide es möglichst, Beikrautsamen zusammen mit meinen Gemüsesamen zu ernten. Wenn ich erst garkeine Beikrautsamen ernte, muss ich mich später auch nicht mit ihnen herumplagen. Siebe können bei der Trennung von Gemüsesamen und Beikrautsamen sehr effektiv sein. Auch das Worfeln kann eine wirksame Trennungsstrategie sein. Die Samen des Fuchsschwanzgrases lassen sich sowohl durch Sieben als auch durch Worfeln leicht von trockenen Buschbohnen trennen.

Erde lässt sich nur schwer von Samen trennen. Ich verwende gerne Scheren, um die Pflanzen knapp über dem Boden abzuschneiden, auch um zu vermeiden, dass Erde in die Samen gelangt.

Ernte aus feuchten Früchten

Die Nassernte von Samen erfolgt oft gleichzeitig mit dem Verzehr einer Frucht.

Üblicherweise werden nasse Samen in Früchten fermentiert, da diese über eine schützende Membran verfügen, die sich erst zersetzen muss, bevor der Samen keimen kann. Nimm die Samen heraus und lasse sie ein bis fünf Tage gären. Schwemme sie anschließend aus oder verwende Siebe, um die Samen vom Fruchtfleisch zu trennen.

Bei Tomaten schneide ich den Boden der Frucht in der Nähe des Blütenendes ab und presse den Saft mit den Samen in einen Behälter. Dann lasse ich ihn für etwa drei Tage stehen, je nach Temperatur länger oder kürzer. Die Samen sind bereit für die weitere Verarbeitung, wenn der durchsichtige Schleimbeutel um die Samen zersetzt wurde. Gib Wasser in den Behälter. Das Fruchtfleisch schwimmt, die Samen sinken zu Boden. Durch mehrmaliges Auf- und Abgießen von Wasser werden die Kerne vom Fruchtfleisch getrennt. Auch Gurken haben eine

Schleimhülle um die Kerne, der sich nach einigen Tagen der Gärung auflöst.

Cantaloupe-Melonen und Wassermelonen haben kaum eine Schutzschicht. Die Kerne können geerntet und sofort in einem Sieb abgespült werden, bis sie sauber sind. Die Kerne einiger Kürbissorten sind mit einer dünnen schleimigen Schicht umgeben, aber ich fermentiere Kürbiskerne im Allgemeinen nicht, weil sie durch das Reiben der trockenen Samen leicht abgelöst werden kann. Ich trenne die Kerne vom Kürbisfruchtfleisch, indem ich sie mit einem scharfen Wasserstrahl in einem Sieb bearbeite.

Zum Schluss sollten die Samen flach auf einem Tuch verteilt werden, damit sie schnell und gründlich trocknen; das verhindert Schimmelbildung.

Durch Worfeln können die guten Samen von den leeren Samenhülsen getrennt werden.

Keimfähigkeit

Samen erreichen ihre Keimfähigkeit lange vor ihrer vollen Reife. Unreife Früchte enthalten oft schon lebensfähige Samen. Sie wachsen vielleicht nicht so kräftig wie vollreife Samen, aber sie wachsen. In den ersten Jahren, in denen ich versuchte, Zuckermelonen und Moschata-Kürbisse anzubauen, waren die Früchte bei der Ernte noch sehr unreif. Samen können in einer Frucht noch weiter reifen, auch wenn sie gepflückt wurde.

Die Keimfähigkeit von Saatgut kann erheblich beeinträchtigt werden, wenn es in nassem Zustand gefriert; deshalb ernte ich feuchtes Saatgut, bevor es draußen stark friert. Vollständig getrocknete Samen von Arten der gemäßigten Klimazonen können ohne Schaden eingefroren werden.

Feuchtigkeit und Schimmel verringern die Lebensfähigkeit von Samen; deshalb ist es wichtig, sie nach der Ernte zügig zu trocknen.

Saatgut lagern

Wenn wir Samen selbst gewinnen, sollten wir uns auch über eine gute Lagerung Gedanken machen.

Gemeinhin wird gesagt, dass Saatgut "kühl, dunkel und trocken" gelagert werden sollte. Unter „kühl" verstehe ich Raumtemperatur und unter „dunkel" kein direktes Sonnenlicht.

Saatgut-Lagerung

Kühl

Dunkel

Trocken

Sicher

Eine gute Strategie zur Samenaufbewahrung sollte die typischen Fälle im Auge haben, bei denen Samen verloren gehen. Meiner persönlichen Erfahrung nach gehen Samen auf folgenden Wegen am häufigsten verloren oder werden beschädigt: durch menschliche Schwächen, Säugetiere, Insekten, Feuchtigkeit, Hitze, Verfall und Katastrophen.

Menschliche Schwächen

Die häufigste Ursache für den Verlust von Samen sind menschliche Schwächen und Fehler. Opa stirbt und die Leute, die das Haus ausräumen, werfen wertvolle Familienerbe-Samen weg. Paare trennen sich und der Partner nimmt Samen mit. Saatgut wird verlegt. Während eines Regenschauers bleiben Samen draußen liegen. Diebe stehlen sie. Glasbehälter fallen herunter und gehen kaputt. Für ein Lagerabteil wird die Miete nicht bezahlt.

Eine der besten Möglichkeiten, den Verlust von Samen durch menschliche Schwächen zu vermeiden, besteht darin, ein Leben in friedlicher Kooperation mit anderen zu führen. Ich habe wertvolle Sorten durch Unachtsamkeit, Missernten und Mäuse verloren. Wenn Menschen, mit denen ich zusammenarbeite, von solchen Verlusten erfahren, sagen sie Dinge, wie „Du hast mir diese Variante vor fünf Jahren gegeben. Ich liebe sie! Ich habe dir ein Päckchen mit Samen von ihr geschickt."

Ich bewahre einen Sicherheitsvorrat meiner Landsortensamen bei Freunden und Verwandten auf. Wenn mit meinem Hauptsamenlager etwas Schlimmes passiert, habe ich immer noch Ersatzsamen. Ich überlasse einen Teil meiner Samen anderen Leuten. Sie können die Samen lagern, aussäen oder weiterverbreiten. Mehr als einmal haben Samen aus den Vorräten dieser Menschen zu mir zurückgefunden.

Säugetiere

Zweimal in meinem Leben sind Mäuse in mein Saatgutlager eingedrungen und haben fast alle Samen gefressen. Beide Fälle passierten, nachdem ich umgezogen war und eine Kiste mit Samen in der Garage gelagert hatte. Die Mäuse nagten Plastikbehälter und Kartons auf und fraßen den gesamten Samenvorrat bis auf eine Portion, die in einem Einmachglas war.

Nun bevorzuge ich für die Aufbewahrung von Samen Glasgefäße mit Stahldeckeln in der Größe von 0,3 bis zu 3,5 Litern.

Für größere Mengen verwende ich 20-Liter-Hartplastikeimer mit Schraubdeckel.

Hin und wieder fiel mir beim Säen ein Glas mit Samen zu Boden und zerbrach; deshalb neige ich jetzt dazu, die Samenmenge, die ich aussäen möchte, in eine Plastiktüte abzufüllen und überschüssige Reste wieder in das Glas zurückzutun, aus dem ich es genommen habe. Manchmal stopfe ich auch viele kleine Saatgut-Päckchen in ein weithalsiges Einmachglas.

Insekten

Käfer sind die zweithäufigste Ursache, durch die ich Samen verliere. Sie nagen sich auch durch Plastik, Papier und Pappe. Sie kriechen durch winzige Ritzen. Wenn ich mir eine Packung Samen ansehe, kann ich oft nicht erkennen, ob sie Insekten enthält. Es gibt viele verschiedene Käferarten, die Samen befallen; einige gelangen als Eier, die mit dem Samen geerntet werden, in meinen Samenvorrat, andere ausgewachsen während der Verarbeitung oder Lagerung.

Einfrieren tötet die meisten Insekten ab. Das Saatgut sollte vor dem Einfrieren trocken und für die Einlagerung bereit sein. Feuchtes Saatgut einzufrieren, kann den Embryo schädigen. Ein paar Tage im heimischen Gefrierschrank reichen aus, um die Tiere zu töten. Friere Saatgut in hermetisch verschlossenen, wasserdichten Behältern (Plastiktüte oder Glasgefäß) ein, damit sie keine Feuchtigkeit aufnehmen, wenn sie aus dem Eisfach entnommen werden.

Ich habe Keimtests mit trockenen Samen vor und nach dem Einfrieren durchgeführt; dabei habe ich bei den Arten der gemäßigten Zonen, die ich getestet habe, keine schädlichen Auswirkungen beobachtet. Samen von Pflanzen der tropischen Zonen können durch Einfrieren allerdings geschädigt werden.

Kräftiges Schütteln eines Glasbehälters mit Samen zerquetscht Insekten und Eier durch mechanische Kraft. Ich schüttle die Samen sowohl vor als auch nach dem Einfrieren.

Der beste Schutz der Samen vor Insekten ist ihre Aufbewahrung in Gläsern.

Samenfressende Käfer kommen aus dem Supermarkt zu mir nach Hause. Ich lasse nicht zu, dass der Befall sich ausbreitet. Eine gründliche Reinigung des Lagerraums erfolgt immer dann, wenn ich irgendwelche zerstörerischen Insekten bemerke. Wenn ich die Insektenanzahl gering halte, ist es weniger wahrscheinlich, dass sie meine Samen fressen. Eingekaufte Getreideprodukte friere ich ein, um die Zahl der Insekten, die aus dem Lebensmittelladen kommen, zu reduzieren. Alle Samen, die ich von jemand anderem erhalte, werden eingefroren, bevor sie ins Saatgutlager kommen.

Spinnen sind herzlich eingeladen, das ganze Jahr über im Saatgutlagerraum zu leben.

Feuchtigkeit

Übermäßige Feuchtigkeit verringert die Lebenserwartung eines Samens oder fördert das Wachstum von Mikroorganismen. Ich wende ein paar einfache Methoden an, um nach Gefühl abzuschätzen, wie trocken die Samen sind. So mache ich z. B. den Bisstest. Wenn der Samen noch so weich ist, dass ich ihn ohne Probleme durchbeißen kann, ist er zu feucht zum Lagern. Ein weiterer Test besteht darin, ein Glasgefäß oder eine Plastiktüte mit Samen draußen in die Sonne zu stellen. Kondensiert Feuchtigkeit an der Innenseite des Behälters, sind die Samen noch zu feucht.

In meinem super-regenarmen Klima trocknen die Samen leicht zu dem Feuchtigkeitsgehalt, der für die Lagerung optimal ist. Menschen, die in feuchteren Klimazonen leben, müssen möglicherweise aktiv Maßnahmen ergreifen, um die Samen zu trocknen. Manchmal nutze ich einen Dörrapparat, der auf 35 °C eingestellt ist. Ich trockne Samen auch, indem ich sie dünn auf einer Plane oder einem Backblech ausbreite.

Trocknungsmittel können die Feuchtigkeit im Saatgut reduzieren. Ich verwende dazu gerne weißen Reis (statt z. B. Kieselsäure-Gel), weil er leicht verfügbar ist: Trockne den Reis etwa vier Stunden lang bei 100 °C im Backofen und lasse ihn dann abkühlen. Wenn Du ihn dann in einen luftdichten Behälter gibst, z. B. in ein größeres Glasgefäß, kannst Du Samen in Papier- oder Stoffumschlägen dazugeben und sie etwa eine Woche darin zum Trocknen lassen. Eine Kollegin hat mir erzählt, dass sie mit Flechten statt Reis ähnlich gute Erfahrungen gemacht hat.

Kommerzielles Saatgut, das in Papiertütchen verkauft wird, hat normalerweise zu viel Feuchtigkeit für eine optimale Lagerung. Ich empfehle, sie vor der Lagerung auf die zuvor genannte Weise nachzutrocknen.

Nach dem Trocknen schütze ich die Samen gut vor Luftfeuchtigkeit.

In meinen Vorschlägen hier beziehe ich mich auf Pflanzenarten aus gemäßigten Klimazonen; Samen tropischer Arten vertragen möglicherweise eine Austrocknung nicht so gut.

Hitze

Getrocknete Samen der meisten Pflanzenarten sind bei Raumtemperatur gut lagerfähig. Die physikalische Chemie biologischer Systeme basiert grob auf dem Prinzip, dass sich die Reaktionsgeschwindigkeit verdoppelt, wenn die Temperatur um 10 °C steigt. Eine Sorte Saatgut, die bei 21 °C voraussichtlich acht Jahre haltbar ist, sollte bei 31 °C nur vier Jahre, bei 41 °C nur zwei Jahre und maximal ein Jahr bei 51 °C keimfähig bleiben. Wenn Du die Wahl zwischen zwei Orten hast, Samen aufzubewahren, nimm den kühleren.

Verfall

In ähnlicher Weise halbiert sich die Reaktionsgeschwindigkeit, wenn die Temperatur um 10 °C fällt. Samen, von denen erwartet wird, dass sie bei Raumtemperatur 8 Jahre lang keimfähig sind, würden das im Kühlschrank für 32 Jahre und im Gefrierschrank für 128 Jahre bleiben. Wenn die Samen trocken sind, setzt das Einfrieren ihre Lebenserwartung auf "anhaltend"; sobald sie den Gefriertemperaturen entzogen werden, beginnt ihr biologischer Abbau erneut.

Katastrophen

Ich habe bisher keine Samen durch Katastrophen verloren; trotzdem plane ich sie ein. Ich habe Saatgutvorräte in drei verschiedene Landkreise verteilt. Ein Lager ist anfällig für Überschwemmungen, Waldbrände und Diebstahl. Zwei Lager sind gegen Überschwemmungen gesichert, aber anfällig für Erdbeben. Alle Lager sind feuergefährdet. Indem ich die Samenlager breit streue, verhindere ich, dass sie alle gleichzeitig zerstört werden. Die Regale meines primären Samenlagers sind an der Wand befestigt und zum Schutz vor Erdbeben mit einer Kante versehen, damit die Gläser bei leichteren Bewegungen nicht herunterfallen können. Wenn ich ein zusätzliches Maß an Sicherheit einbauen wollte, könnte ich Plastiktüten in die Gläser stecken, damit die Samen auch dann zusammen bleiben, wenn die Gläser zerbrechen. Menschen in anderen Gebieten sollten Pläne machen, wie sie ihr Saatgut über die Katastrophen hinwegretten können, die örtlich am wahrscheinlichsten sind: In Gebieten mit Tornados z. B. sollte das Saatgut am besten unterirdisch gelagert werden, in Gebieten mit Überschwemmungsgefahr so, dass es nicht nass wird oder fortschwimmen kann.

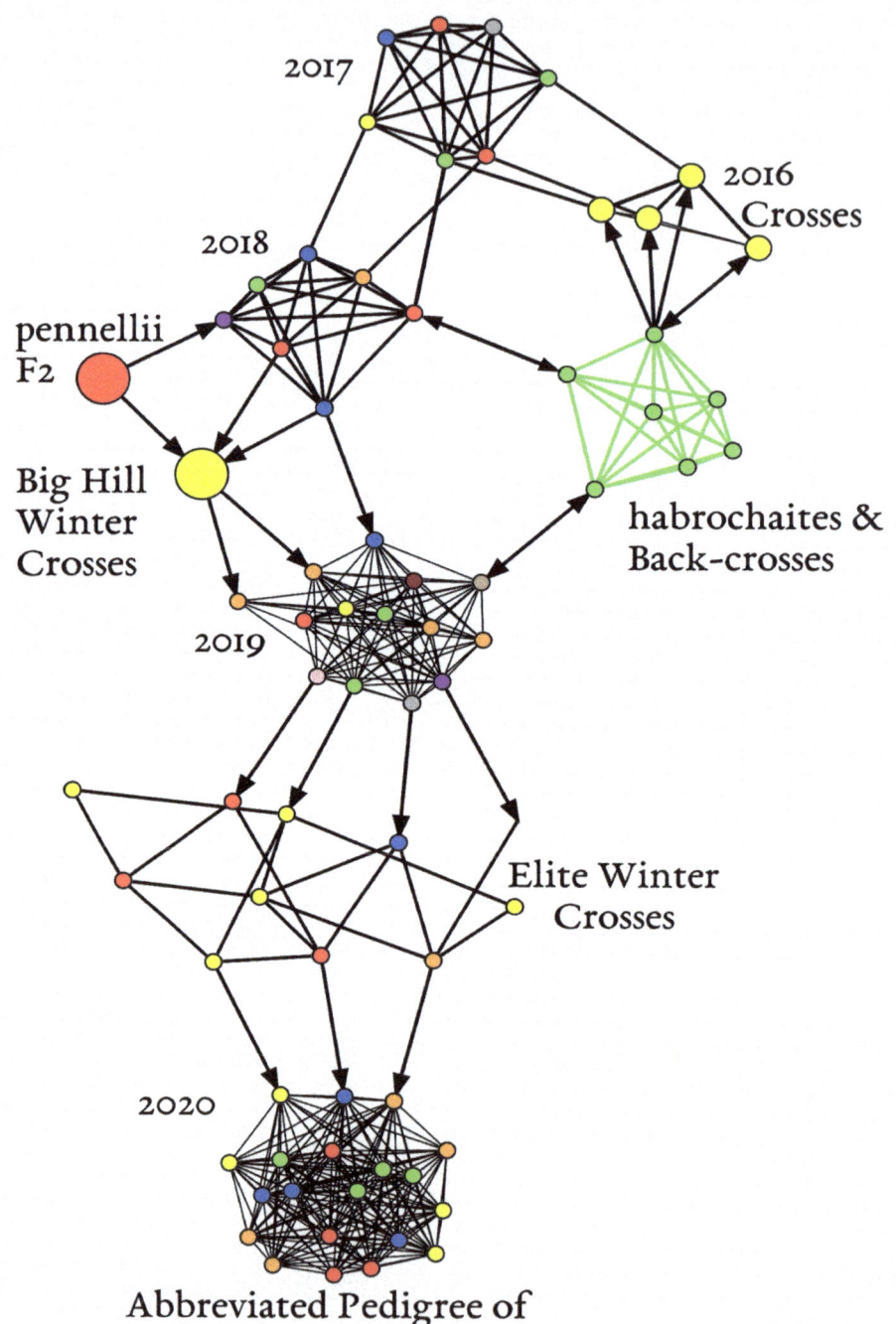

2017

2018

pennellii
F2

2016
Crosses

Big Hill
Winter
Crosses

habrochaites &
Back-crosses

2019

Elite Winter
Crosses

2020

Abbreviated Pedigree of
the Beautifully Promiscuous
& Tasty Tomato Project

Fremdbestäubende Tomaten

Das Projekt „Beautifully Promiscuous and Tasty Tomato" zielt darauf ab, eine Population wohlschmeckender Tomaten (Solanum lycopersicum) zu schaffen, die sich nicht selbst befruchten können. Das begründete Versprechen des Projekts ist, dass die Tomaten die wunderbare genetische Vielfalt ihrer wilden

Freizügige Tomatenblüte

Vorfahren wiedererlangen und zu 100 % auskreuzen (fremdbestäuben). Sie werden damit in die Lage versetzt, Probleme, die derzeit durch Gifte, bestimmte Materialien und Techniken oder Arbeitsaufwand gelöst werden, selbst zu lösen. Es kann den Tomatenanbau in feuchten Gebieten erheblich vereinfachen. Die Einführung von Genen wilder Verwandter bereicherte unsere Kulturtomaten um viele köstliche Geschmacksprofile.

Seit Jahren fesselt dieses Projekt meine Aufmerksamkeit, macht mir Hoffnungen und lässt mich in Träumen schwelgen. Mein innigster Wunsch ist, dass Menschen in feuchten Klimazonen Tomaten biologisch anbauen können, ohne Spritzmittel oder unnötige Arbeit.

Genetische "Flaschenhälse"

Die Auswahl und Nutzung der Kulturtomaten führte über die Jahrhunderte zu einer Reihe genetischer Verluste, die „Gendrift" oder „Genetischer Flaschenhals" genannt werden. Solche Gen-Verluste entstehen, wenn eine kleine Gruppe von der Hauptpopulation getrennt wird. Diese Untergruppe verfügt dann nicht über alle Gene

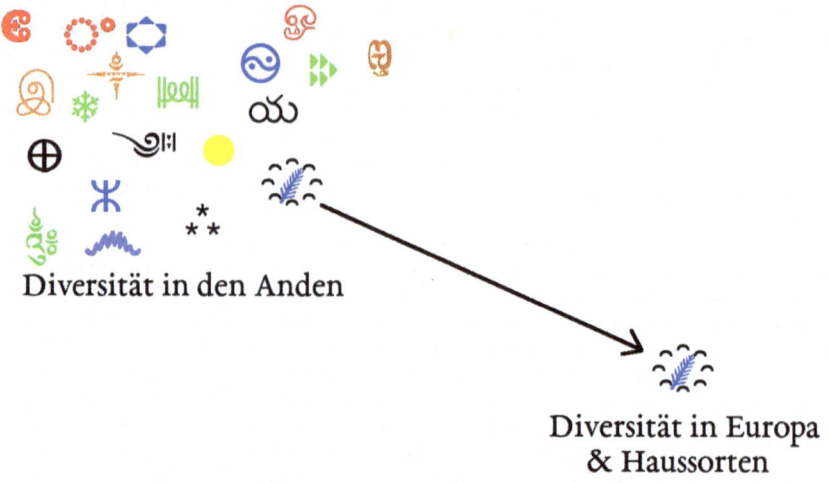

Diversität in den Anden

**Diversität in Europa
& Haussorten**

Genetische "Flaschenhälse" der Kulturtomate

der Hauptgruppe. Eine zu große Verringerung der Gen-Vielfalt (von Allelen) kann zu Inzuchtdepression und zum Verlust von Wüchsigkeit führen. Der abgespaltenen Population fehlen möglicherweise die Gene, die es möglich machen, mit bestimmten Schädlingen, Krankheiten oder Umweltbedingungen umzugehen.

Die Haupt-"Flaschenhälse", bei denen Gene bei Kulturtomaten verloren gingen, waren:

- Die Wanderung von den Anden nach Mexiko.
- Die Ausbreitung von Mexiko nach Europa.
- Die Verbreitung von Europa in den Rest der Welt.
- Jahrzehntelange Inzucht bei der Erhaltung von Haussorten (Heirlooms).

Die natürlichen Bestäuber der Tomate machten die Reisen, auf denen Gene verloren gingen, nicht mit, was dazu führte, dass vor allem

Tomaten übrig blieben, die sich selbst bestäuben konnten; Selbstbestäubung aber führt zu starker Inzucht.

Dazu kam, dass die Menschen gegen Fremdbestäubung selektierten, da sie vor allem Pflanzen mit reichlichem und sicherem Fruchtansatz vermehrten, der eher durch Selbstbestäubung garantiert ist. So kam es, dass Erbstück-Tomaten über Hunderte von Generationen hinweg ingezüchtet wurden. Zusammen führten diese Ereignisse zu einem Verlust von 95 % der genetischen Vielfalt. Heutzutage gehören Tomaten zu den am stärksten genetisch inzüchtigen und empfindlichen Nutzpflanzen. Sie sind hochgradig anfällig für einen totalen Zusammenbruch.

Eine Studie fand in einer einzelnen Wildtomatenart eine größere genetische Vielfalt als in allen untersuchten Linien der Kulturtomate zusammen.

Die überwiegende Mehrheit der Tomaten, die ich ausprobiere, bringt keine Früchte zur Reife. Die Züchtung von Kulturtomaten ist problematisch, da es nur wenig genetische Vielfalt gibt, mit der man arbeiten kann. Es gibt einige Farben und Formen von Früchten und einige Blattformen. Insgesamt ist das Genom der Kulturtomate stark beschränkt in seiner Fähigkeit, mit Schädlingen, Krankheiten und Umweltstress umzugehen. Kulturtomaten sind zu "Idioten" geworden und haben die "genetische Intelligenz" ihrer Vorfahren verloren.

Offene Bestäubung

Bei Versuchen zur Frost- und Kälteverträglichkeit von Tomaten ist mir aufgefallen, dass bei der Sorte "Jagodka" häufig Hummeln auf den Blüten zu finden sind, der Rest des Beetes dagegen kaum Bestäuber anlockte. Das brachte mich dazu, darüber nachzudenken, welche Vorteile fremdbestäubte Tomaten besitzen könnten. Ein Gedanke war, dass eine natürliche Fremdbestäubungsrate von mehr als den gewöhnlichen 3–5 % eine schnellere lokale Anpassung ermöglichen würde.

Bei der Suche nach fremdbestäubten Tomatenblüten entdeckten wir die Wildarten Solanum pennellii und Solanum habrochaites. Ihre Blüten können nur durch eine andere Pflanze bestäubt werden, mit der sie nicht direkt verwandt sind. Sie sind zu 100 % fremdbestäubend, weshalb sie als "selbst-inkompatibel" bezeichnet werden. Ihre Blüten sind riesig, bunt und kräftig; sie ziehen Bestäuberinsekten magisch an!

Diese Wildarten können als Pollenspender für Kulturtomaten dienen; eine Kreuzung in die andere Richtung funktioniert nicht.

S. pennellii und S. habrochaites sind die beiden selbst-inkompatiblen Arten, die sich leicht mit Kulturtomaten kreuzen. Die anderen selbst-inkompatiblen Arten hybridisieren selten erfolgreich mit Kulturtomaten.

Hervorragendes Stigma

Wir führten manuelle Kreuzungen zwischen Kulturtomaten und wilden Tomatenarten durch und selektierten dann auf fremdbestäubende Blüten des Wildtyps, auf riesige Blüten. Ihre Narbe (der weibliche Teil) befindet sich außerhalb der Staubbeutel (männlicher Teil), so dass sie den Bauch einer Biene berühren kann. Fremdbestäubung der Blüten ist unser Hauptauswahlkriterium.

Die verblüffendste Beobachtung bei diesem Projekt war die enorme Vielfalt an Aromen, Geschmäckern und Texturen der Kreuzungsfrüchte. Zu den Beschreibungen von Geschmackstestern gehörten Wörter wie „Melone", „lecker", „xxx", „tropisch", „fruchtig", „Guave", „gärend". Wir selektieren auf süße, fruchtige und tropische Aromen sowie auf orange und gelbe Früchte, weil diese bei Bewertungen favorisiert wurden.

Sterne-Koch Barney Northrup bestand darauf, dass ich Samen der Früchte wieder aussäe, die nach „Seeigel" schmeckten - was auch immer er damit meinte!

Die Nachkommen der Art-Hybriden weisen in vielen Merkmalen eine enorme Vielfalt auf. Ich bekomme Berichte über riesengroße Pflanzen. Ich neige eher dazu, Pflanzen mit Zwergwuchs auszuwählen, weil sie frühzeitig und hochproduktiv sind. Das Gen für Zwergwüchsigkeit stammt von einem Kulturtomaten-Vorfahren.

Die Eigenschaft "Fremdbestäubung" wird vererbt und die Auswahl an riesigen, farbenfrohen, offenen Blüten ist unkompliziert. Hummeln und andere Arten sorgen für die Bestäubung, so dass große Mengen an Hybridsamen ohne den Einsatz menschlicher Arbeitskraft erzeugt werden können. Drei-Arten-Hybriden sind häufig.

Offene Antheren

Einige Jahre lang haben wir versucht, eine erneute Selektion für ein voll funktionsfähiges System der Selbstinkompatibilität durchzuführen, indem wir zu Beginn der Saison auf einen mangelhaften Fruchtansatz achteten oder alle Pflanzen aussortierten, die bei manuell unterstützter Selbstbestäubung Früchte bildeten. Das sind lohnenswerte Ziele, und jemand, der sehr sorgfältig vorgeht, könnte das Projekt durch diese Art von Arbeit erheblich voranbringen. Wir fanden es zu umständlich, mit Tausenden von Pflanzen und Hunderten von Beteiligten zu arbeiten. Wir selektieren derzeit auf große, leuchtende, offene Blüten.

Die Gene sind bekannt, die das Selbstinkompatibilitätssystem steuern. Eines Tages nehmen wir die Auswahl vielleicht nach DNA-Tests vor.

Es ist eine kontinuierliche Aufgabe, uns selbst und alle Mitarbeitenden darin zu schulen, Tomaten als fremdbestäubende Art zu behandeln. Die traditionelle Art, Hybrid-Tomaten herzustellen, besteht aus der Befruchtung einer Mutter durch einen fremden Pollenspender. Die Nachkommen bestäuben sich dann wieder selbst.

Es war eine Herausforderung, die Leute dazu zu bringen, einen Viele-zu-Vielen-Ansatz zu verwenden. Ein früher Fehler im Projekt bestand darin, nicht genügend Wildpollenspender für die ersten Kreuzungen einbezogen zu haben. Ich empfehle heute, für die ersten Kreuzungen 7 bis 20 Pollenspender zu verwenden.

Vergleiche den 1:1-Stammbaum für die Zucht einer Kulturtomate, der auf dieser Seite gezeigt wird, mit dem Viele-zu-Vielen-Stammbaum am Anfang dieses Kapitels.

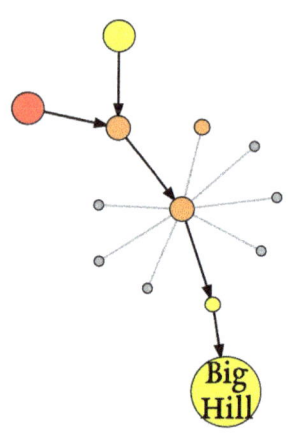

Stammbaum einer "Inzucht-Tomate"

Die Einführung der "Wild-Gene" verringerte die lokale Anpassungsfähigkeit in frühen Generationen. Die Nachkommen hatten oft eine zu lange Saison für meinen Garten. Sie waren nicht gut an den Boden oder das Klima angepasst. Die Pflanzen, die überlebten und gediehen, zeigten Hybrid-Wüchsigkeit (Heterozygosis).

Eine frühe Entscheidung, die anhaltende Fruchtbarkeitsprobleme verursachte, war die Herstellung von Hybriden aus drei Solanum-Arten (lycopersicum, habrochaites, pennellii). Für diejenigen, die dieses

Projekt von Anfang an wiederholen wollen, empfehle ich, entweder nur S. pennellii oder S. habrochaites als Pollenspender zu wählen, aber nicht beide.

Wunderbare fruchtige Aromen kommen ebenso zum Vorschein wie säuerliche, prickelnde Geschmäcker. Wir wählen jedes Jahr die Geschmacksrichtungen und Aromen aus, die uns gefallen. Da sie sich freizügig bestäuben, bleiben die seltsamsten Aromen auch in den kommenden Jahren erhalten, nehmen aber jedes Jahr ab, weil wir jede Frucht probieren, bevor wir die Samen von ihnen nehmen.

Von selbst entstehende Hybriden

Ein wesentlicher Bestandteil der Permakultur besteht darin, den Großteil der Arbeit natürliche Systeme tun zu lassen. Menschliche Betreuer müssen lediglich von Zeit zu Zeit ein wenig Anleitung bereitstellen.

Die Wildtomaten besitzen ein Selbstinkompatibilitätsgen, was bedeutet, dass sie sich nicht selbst bestäuben können. Das macht sie zu obligatorischen Fremdbestäubern. Jedes Samenkorn enthält eine einzigartige Hybride. Durch die Einführung dieses Gens in Kulturtomaten können Hunderttausende einzigartiger genetischer Kombinationen einfach und automatisch von den Tomaten selbst erzeugt werden, wodurch die mühsame Kreuzungsarbeit entfällt, die normalerweise mit der Herstellung heimischer Tomatenhybriden einhergeht.

Die Vielzahl neuer genetischer Kombinationen kann auf den Umgang mit Insekten, Viren, Seuchen, Frost und Unkraut untersucht werden sowie auf Geschmack, Farbe usw. Selbstinkompatible Tomaten züchten sich sozusagen selbst. Sie lösen Probleme, die wir zuvor mit Sprays, Chemikalien, Techniken oder Arbeit zu lösen versuchten.

Antheren nicht verbunden

Seit sieben bis neun Generationen sind wir dabei, das selbstinkompatible Gen in Kulturtomaten zu integrieren.

Wir betreiben dieses Projekt auch in die entgegengesetzte Richtung und integrieren Gene für größere Früchte in Wildtomaten. Dieser Ansatz wird als Rückkreuzung bezeichnet.

Ein weiterer Aspekt dieses Projekts besteht darin, dass wir lokal angepasste Populationen der reinen, wilden Arten geschaffen haben. Wir domestizieren sie, indem wir sie auf größere, schmackhaftere Früchte und eine schnellere Reife selektieren.

Wenn ich dieses Projekt neu starten würde, würde ich lokal angepasste, größerfrüchtige und besser schmeckendere Typen der Wildarten als Pollenspender verwenden.

Blütentypen

Das Ziel dieses Projekts ist die gesteigerte Fremdbestäubung bei Tomaten. Eine Strategie für eine solche promiske Bestäubung besteht darin, das System der Selbstinkompatibilität zu integrieren, so dass eine Blüte nur fremdbestäubt werden kann. Wir arbeiten besonders intensiv an diesem Aspekt des Projekts.

Die andere Strategie besteht darin, auf Blüten zu selektieren, die eine Fremdbestäubung erleichtern, auch wenn die Pflanze noch zur Selbstbestäubung fähig ist. Diese Strategie könnte eine Kreuzung bis zu zehnmal wahrscheinlicher machen, als sie heute bei kultivierten

Erbstück-Tomaten ist. Ich verwende den Begriff „pan-amorös", um Tomaten zu beschreiben, die zur Selbstbestäubung fähig sind und Blütenmerkmale aufweisen, die eine Kreuzung wahrscheinlich machen.

Tomaten, die sich etwas häufiger kreuzen, sind widerstandsfähiger als Tomaten, die sich selten kreuzen. Alles, was getan werden kann, um mehr Kreuzungen bei reinen Kulturtomaten zu fördern, ist lohnenswert.

Domestic flower
Anthers closed
Pollen trapped
Stigma hidden
Small/pale petals

Promiscuous flower
Anthers open
Pollen free-flowing
Stigma fully exposed
Large/colorful petals

Vergleich von Tomatenblüten, die sich selbst bestäuben mit solchen, die promisk sind

Die Blüten der promisken, wildwachsenden Tomaten sind riesig. Größere Blüten sind für Bestäuber attraktiver. Blüten von Wildpflanzen haben leuchtende Farben. Heimische Tomaten haben kleine, matt gefärbte Blüten. Sogar bei reinen Kulturtomaten könnte die Verkreuzung durch die Selektion auf größere, farbigere Blütenblätter verbessert werden. Natürliche Verkreuzungen könnten durch dichtes und abwechselndes Pflanzen verschiedener Sorten gefördert werden. Wir können uns grundsätzlich dafür entscheiden, Kreuzung besser zu finden als Selbstbestäubung.

Bei Kulturtomaten bilden die Staubbeutel typischerweise einen Kegel, der die Narbe vollständig umschließt. Dadurch wird verhindert, dass Pollen in die Blüte eindringen oder sie verlassen. Dieses Merkmal ist, neben anderen, für die hohe Selbstbefruchtungsrate bei Kulturtomaten verantwortlich. Bei den promisken Tomaten sind die Staubbeutelzapfen häufig nur locker verbunden oder vielleicht auch überhaupt nicht. Fleischtomaten haben oft Staubbeutelzapfen, die nicht besonders fest miteinander verbunden sind, was zu ihrem Ruf beiträgt, sich mehr zu kreuzen als andere Kulturtomaten.

Die promisken Wildtomaten haben oft lange Griffel, die die Narbe über die Staubbeutel hinaus verlängern. Dies erleichtert eine Fremdbestäubung. Einige Kirschtomaten haben diese Eigenschaft heute noch.

Große promiske Blüte vs.
kleine, sich selbst bestäubende

Einige Kulturtomaten haben Anordnungen der Blütenblätter, die Bienen daran hindern, sich den Blüten zu nähern. Das ist für die Selbstbestäubung förderlich, aber kontraproduktiv für die genetische Vielfalt.

Manchmal, wenn ich die wilden Tomatenblüten anstupse,

fährt eine ordentliche Pollenwolke heraus. Das ist ebenfalls eine großartige Eigenschaft, um die Fremdbestäubung zu fördern und Bestäuber anzulocken.

Tomatenblüten haben keine Drüsen, die Nektar absondern (Nektarien). Daher haben Honigbienen wenig Interesse an ihnen. Hummeln und andere einheimische Insekten, die gerne Tomatenpollen sammeln, sind bei mir die Hauptbestäuber; besonders aktiv sind Grabbienen.

Promiske, selbst-unverträgliche Tomaten benötigen zur Bestäubung Insekten. Ich glaube, das Mindeste, was daraus folgt, ist, dass Insekten nicht begiftet werden sollten. Eine bewährte Vorgehensweise besteht darin, bestäuberfreundliche Pflanzen in die Nähe von Tomaten zu setzen sowie geeignete Nistplätze für bodenbrütende Bienen und andere Bestäuber einzurichten.

Zusammenarbeit

Das "Beautifully Promiscuous and Tasty Tomato"-Projekt hat viele zum Mitmachen angeregt. Menschen haben Wildarten aus Genbanken erhalten und teilen sie mit mir. Es reisen Leute aus dem ganzen Kontinent an, um die Pflanzen zu besichtigen. Ich verschicke Früchte über Nacht an Mitarbeiter. Wir veranstalten Treffen zum Geschmackstest. Wir lassen Tomaten den Winter über in Gewächshäusern wachsen, in einem wärmeren Klima, um zusätzliche Generationen zu bekommen. Ich bin zu Höfen und Saatgutbanken gereist, die an dem Projekt teilnehmen.

„Row 7 Seed Company" ermöglichte die Winterkreuzung bei „Nipomo Native Seeds" in Kalifornien. William Schlegel und Andrew Barney haben über viele Jahre hinweg bedeutende Beiträge geleistet. Andrea Clapp von der „World Tomato Society" hilft mir, Strategien für das weitere Vorgehen zu entwickeln. Evan Sofro und John Cassia von

„Snake River Earth Arts" haben ein großes Feld mit promisken Tomaten angebaut.

Ein Bereich von besonderem Interesse für dieses Projekt ist der biologische Anbau dieser Tomaten ohne Pflanzenschutzprotokolle oder Spritzmittel in Gebieten, in denen Braunfäule ein echtes Problem darstellt. Ich würde mich über mehr Zusammenarbeit bei diesem Projekt freuen. Experimental Farm Network verteilt das Saatgut, das ich für dieses Projekt gewinne.

Wir gehen davon aus, dass die rasche Neuordnung der Gene der "Wunderschön promisken und geschmackvollen Tomaten" eine Möglichkeit bietet, die Braunfäule in den Griff zu bekommen.

Ich betrachte das "Beautifully Promiscuous and Tasty Tomato"-Projekt als mein Lebenswerk. Egal, wie viele andere Projekte scheitern aufgrund von begrenzter Kraft oder begrenztem Ehrgeiz, das promiske Tomatenprojekt wird weitergehen. Es ist wunderschön, lecker und hat den Reiz, einen Topf voll Gold am Ende des Regenbogens zu finden.

Größenvergleich zwischen einer offen bestäubten
und einer inzüchtigen
Tomatenblüte
(tatsächliche Größe)

Mais

Ich liebe es, Mais (Zea mays) anzubauen. Er ist robust, hochproduktiv und super einfach zu verarbeiten. Mais ist reich an Kohlenhydraten und Energie. Die verschiedenen Maissorten sorgen für unterschiedliche kulinarische Genüsse.

Für mich produziert Mais die meisten Kalorien bei geringstem Arbeitsaufwand. Der gesamte Ernteprozess kann allein mit dem menschlichen Körper durchgeführt werden. Es sind keine Werkzeuge oder Geräte erforderlich. Geflügel kann ganze Maiskörner fressen.

Es ist weniger wahrscheinlich, dass Mais die Arten von Stoffwechselstörungen hervorruft, die Menschen beim Verzehr von Weizen treffen.

Wenn ich unter diesen Gesichtspunkten eine Pflanzenart als Hauptnahrungsmittel für mein Dorf auswählen würde, wäre es Mais.

Ein Nachteil von Mais in meinem Ökosystem ist, dass er bewässert werden muss. Ich baue kleinkörnige Getreidearten ohne Bewässerung an, indem ich sie im Herbst pflanze. Mit Mais kann ich das nicht machen. In einigen Ökosystemen kann Mais unbewässert wachsen. Auch das Pflanzen in Gruppen, die weit auseinander liegen, kann den Bewässerungsbedarf verringern.

Mais als Fremdbefruchter ist ideal für ein Landrassen-Zuchtprojekt. Er steht in dem Ruf, anfällig für Inzuchtdepressionen zu sein. Ich hänge der traditionellen Weisheit an, dass für den Erhalt einer Maissorte mindestens 200 Pflanzen nötig sind.

In meinem Ökosystem fallen die meisten Maispollen meistens direkt nach unten. Die meisten Körner sind selbstbestäubt oder werden von den nächsten Nachbarn bestäubt.

Die Züchtungsmethode, die ich bei Mais anwende, ist die wiederholte Massenselektion. Ich pflanze die Samen in großen Mengen. Ich ernte Samen von Pflanzen, die gedeihen. Eine alternative Methode ist die Auswahl von Geschwistergruppen, bei der von jedem Maiskolben ein paar Samen gepflanzt werden. Die gesamte Geschwistergruppe wird als Einheit für die weitere Züchtung ausgewählt oder ausgeschieden.

Eine Eigenschaft, die ich an trockenem Mais schätze, ist seine einfache Entkörnbarkeit. Ich mag es, wenn sich die Körner leicht vom Maiskolben lösen. Die Eigenschaft, leicht entkörnbar zu sein, ist ein Auswahlkriterium mit hoher Priorität. Geschwistergruppen teilen oft die Eigenschaft, sich leicht entkörnen zu lassen.

Zuckermais

Es gibt drei Arten von Zuckermais mit den Genen: „altmodisch", „zucker-angereichert" und „super-süß". Ich konzentriere mich auf den Anbau von altmodischem Zuckermais als Landsorte, weil er für mich absolut zuverlässig ist.

Die erste Landsorte, die ich angebaut habe, war ein altmodischer Zuckermais.

Die beiden Zuckermais-Arten „zucker-angereichert" und „super-süß" keimen in kalten Frühlingsböden nicht zuverlässig. In der heißesten Zeit des Jahres baue ich erfolgreich „zucker-angereicherten" Zuckermais an.

Ich baue keinen super-süßen Zuckermais an. Dieser Phänotyp wird auch als "geschrumpft" bezeichnet. Die Samen sind verschrumpelt. Ihnen fehlen genügend Reservestoffe (Stärke), um zu gedeihen. Eine Maissorte, die mit den zuvor genannten verwandt ist, wird als „synergistisch" bezeichnet. Sie vereint die drei Arten von Süße-Genen. Für mich ist sie ebenfalls unzuverlässig.

Ich liebe den Geschmack von altmodischem Zuckermais, seine gummiartige Konsistenz. Wenn Zuckermais Saison hat, verzichte ich auf alle diätetischen Einschränkungen in Bezug auf Kohlenhydrate. Ich esse einfach zu gerne altmodischen Zuckermais!

Zucker-angereicherter Zuckermais keimt besser zu Anfang des Sommers, wenn sich der Boden genügend erwärmt hat. Das bedeutet allerdings auch, dass er mit der Gefahr spielt, nicht vor dem ersten Frost reif zu sein.

Wie bereits beschrieben, baue ich einen Zuckermais namens "Paradise" an. Es handelt sich um eine Hybride, die den wunderbaren Geschmack von altmodischem Zuckermais mit der zusätzlichen Süße von zucker-angereichertem Zuckermais verbindet. Einzelheiten zur Züchtung dieser Hybride sind im Kapitel über die Herstellung von Hybriden zu finden.

Am liebsten esse ich Zuckermais roh auf dem Feld. 10 Minuten in heißem Wasser gegart, ist meine zweitliebste Art, die Kolben zu genießen. Der altmodische Zuckermais verliert schnell an Geschmack und Aroma; deshalb ernte ich ihn gerne unmittelbar vor dem Essen.

Zum Erntedankfest meines "Stammes" werden die Zuckermaiskolben mitsamt ihrer Hüllblätter ins Feuer geworfen. Sie werden unter heißen Kohlen begraben. Wir singen und tanzen 15 Minuten lang, während sie garen. Manche Teile sind dann schon verkohlt, andere fast noch roh; aber das ist gerade Teil des besonderen Charmes, den unser Erntedankfest besitzt.

Eine andere Art, wie ich Zuckermais genieße, ist, die Körner in einer heißen Pfanne zu rösten, nachdem ich sie vom Kolben gerebelt habe. Ich gebe nur einen Hauch Öl in die Pfanne; dann gehen sie auf, platzen aber nicht. Gerösteter Zuckermais ist süßer und zarter als gerösteter Mehl-Mais. Zucker-angereicherter Zuckermais schmeckt geröstet besonders lecker.

Popcorn-Mais

Mein Popcorn-Mais entstand als zufällige Kreuzung zwischen dekorativem Mehl-Mais und gelbem Popcorn-Mais. Ich war begeistert von den bunten Kolben, die danach im Popcorn-Mais auftauchten.

Wenn ich noch einmal Popcorn-Mais herstellen würde, würde ich mich nicht für diese spezielle Kreuzung entscheiden. Es hat Jahre gedauert, bis ich wieder vernünftigen Popcorn-Mais selektiert hatte. Jeden Winter habe ich 20 Körner aus jedem Kolben aufpoppen lassen, indem ich sie in einer elektrischen Bratpfanne erhitzte, die auf 180° C. eingestellt war. Ich habe nur Körner der Kolben, die am besten gepoppt haben, als Saatgut verwendet. Dabei habe ich sowohl die Kolbengröße als auch den Prozentsatz der Körner berücksichtigt, der gut aufgepoppt war. Ich habe jeden Kolben einzeln probiert. Wenn Geschmack und Textur von Körnern mir nicht gefielen, wurde der gesamte Kolben aussortiert.

Popcorn

Ich habe mein Popcorn-Projekt während einer Beziehungskrise verloren. Es war aber nur für mich verloren, nicht für die Gemeinschaft der Landsorten-Liebhaber. Julie Sheen von Giving Ground Seeds verkauft es; Wayne Marshall von Banbury Farm baut Lofthouse Popcorn für die Snake River Seed Cooperative an.

Ich habe Kreuzungen zwischen carotinreichem Flint(Hart)-Mais und meinem Landsorten-Popcorn-Mais vorgenommen. Die aufgepoppten Maiskörner waren gelb. Ich fand, sie sahen wunderbar aus und schmeckten wunderbar. Ich mag den Geschmack von Carotinen in meinem Essen. Hart-Mais und Popcorn-Mais sind eng verwandt, was die Selektion für bestes Aufpoppen einfacher macht als bei einer Kreuzung zwischen Mehl- und Popcorn-Mais.

Flint(Hart)-Mais

Flint-Mais hat harte Körner, in denen die Stärke dicht gepackt liegt. Sie sehen glänzend und glasig aus. Ich schätze den Flint-Mais nicht besonders in der Küche, weil er die Geräte übermäßig beansprucht. Hart-Maismehl fühlt sich im Mund körnig an, aber die

"Glass Gem" Flint(Hart)-Mais

Kolben sehen einfach hübsch aus. Wayne Marshall baut den Flint-Mais "Glass Gem" an, den er auf tolles Aufpoppen selektiert. "Glass Gem" hat Gene zu meiner Popcorn-Mais-Landsorte beigetragen. Ich habe ihn angebaut, bevor sein Foto viral ging.

Körner-Mais

Körnermais gefällt mir besonders. Er ist der genetisch vielfältigste Mais, den ich anbaue. Er passt sich schnell an veränderte Bedingungen an. Er vereint viele Maistypen in einer Population, ohne dass sich ein bestimmter Phänotyp durchsetzt. Flint-, Zahn-, Popcorn-, Zucker- und Mehl-Mais existieren nebeneinander.

Körnermais eignet sich hervorragend zum Brauen. Meine Hühner fressen ihn gerne als ganze Körner. Ich verwende ihn als Grütze.

In den 1960er Jahren passten Pflanzenzüchter von Cargill südamerikanische Maissorten an die Langtagsbedingungen Nordamerikas an. Das Saatgut lagerte jahrzehntelang im

Gefrierschrank. Joshua Gochenour konnte Saatgut von fünf dieser Sorten bekommen und teilte es mit mir.

Ich habe einen Hybridschwarm erzeugt, indem ich die fünf Sorten miteinander kreuzte. Ich habe "Eagle Meets Condor" einbezogen, eine Nord-Süd-Hybride von Dave Christensen. Im nächsten Jahr habe ich sie mit einem Hybridschwarm aus traditionellen, nordamerikanischen Sorten gekreuzt, der von Andrew Barney zusammengestellt wurde. Die südamerikanischen Maissorten heißen zwar ebenfalls Flint-, Mehl- und Zahn-Mais, unterscheiden sich aber geringfügig von den gleichnamigen Phänotypen bei nordamerikanischen Maissorten. Der Hybridschwarm, der aus allen Kreuzungen entstand, ist genetisch äußerst vielfältig.

Diesen Mais nenne ich "Harmony", weil er die verschiedenen Diasporas von Mais in einer einzigen Zuchtpopulation vereinigt. Aus dieser Population habe ich die restlichen Sorten selektiert, die in diesem Kapitel beschrieben werden.

Bei den Nachkommen von "Harmony" tauchte eine unerwartete Eigenschaft auf. Sie wurden auf einem Feld angebaut, das häufig von Stinktieren und Waschbären besucht wurde, die sich ordentlich am Mais bedienten. Dadurch wurden sie einer Nur-der-Fitteste-überlebt-Auswahl unterzogen, was dazu führte, dass der Mais jedes Jahr kräftiger wurde und die Tiere weniger Schäden anrichteten. Heute sind die Verluste durch Tierfraß minimal.

Flint-Mais mit hohem Carotin-Gehalt

"Cateto", eine der südamerikanischen Sorten, enthält bis zu zehnmal mehr Beta-Carotin als gewöhnliche Maissorten. Ich stehe auf den Geschmack von Carotin in meinem Essen. Er fasziniert mich.

Ich habe einen hochcarotinhaltigen Hartmais aus Harmony-Körner-Mais selektiert. Köche lieben den hohen Carotingehalt wegen des Geschmacks und der Optik. Ein tieforanges Maisbrot sieht toll aus!

Wenn Hühner mit Mais gefüttert werden, der einen hohen Carotingehalt hat, konzentrieren sich die Carotine in ihren Eiern. Die Eigelbe werden super farbig und super lecker! Carotine werden im Fett gespeichert. Hühnerfett mit hohem Carotingehalt schmeckt wunderbar und sieht in einer Suppe fantastisch aus.

Normale Maiskörner (blass) vs. hochcarotinhaltige (dunkel)

Flint-Mais ist am widerstandsfähigsten gegenüber Fraßschäden durch Insekten oder größere Tieren. Die harten Körner, die seine Verwendung in der Küche erschweren, machen ihn auch für Mitesser weniger attraktiv.

Hochcarotinhaltiger Zuckermais

Ich habe "Astronomy Domine" mit dem carotinreichen Flintmais gekreuzt. Die Eigenschaft "süß" wird rezessiv vererbt, was bedeutet, dass sie in der ersten Generation (F1) nicht auftritt. Nachkommen ähneln ihren Eltern und Großeltern, manchmal tritt ein Merkmal erst eine Generation später wieder auf.

Süße Körner zeigten sich in der zweiten Generation. Sie machten etwa ¼ der Körner aus. Das ¼-Verhältnis ist modellhaft für die Mendel'sche Genetik, die im Biologieunterricht der Oberschule gelehrt wird. Für mich als Landsorten-Züchter sind die Mendel'schen Regeln selten nützlich. Normalerweise sind so viele, unterschiedliche Gene bei der promisken Bestäubung von Nutzpflanzen beteiligt, dass die

Berechnung der genetischen Verhältnisse zu komplex wird. Zuckermais unterscheidet sich nur in einem Gen von normalem Körnermais.

Ich selektierte auf Zuckergehalt und gelbe Farbe (hohen Carotingehalt). Alle anderen Farben habe ich ausgeschlossen. Ich habe jeden Kolben probiert, bevor ich Körner als Saatgut verwendet habe, indem ich das Ende des Kolbens mit einer Gartenschere abgeschnitten habe. Ich habe alle aussortiert, die zu faserig oder sonstwie nicht perfekt waren.

Jedes Jahr bewahre ich nur Samen von Kolben auf, die fantastisch schmecken. Als Kleinbauer kann ich jede Pflanze jeder Generation probieren.

Anden-Zuckermais

"Harmony"-Körnermais enthält einen kleinen Anteil an Zuckermais-Genetik. Ich habe die runzeligen Körner von den Kolben getrennt gesammelt und im nächsten Jahr getrennt ausgesät.

Runzelige Zuckermais-Körner an Mehl-Maiskolben

„Anden"-Zuckermais wurde selektiert, nachdem "Harmony" gegen Stinktiere, Waschbären, Fasane und Truthähne resistent gemacht worden war. Daher sind die Pflanzen groß und stark. Die Kolben sitzen hoch am Stängel.

Sein Geschmack ist noch nicht mein Favorit; aber jeder Mais, der resistent gegen Schädlinge ist und es auf den Tisch schafft, ist willkommen. Jetzt, da die süße Eigenschaft stabil ist, kann ich mich auf die Selektion von besserem Geschmack konzentrieren.

Die Eigenschaft "süß" ist, wie gesagt, rezessiv, das heißt, sie kann durch dominante Gen-Varianten (Allele) verdeckt werden. Sobald ein rezessives Merkmal doppelt vorhanden ist, wird es sichtbar. Auf dem

Foto, das ein süßes Maiskorn auf einem Mehl-Maiskolben zeigt, haben mindestens die Hälfte der anderen Körner ein rezessives Gen für Süße. Das süße Korn zeigt sich nur dann, wenn sowohl die Mutter als auch der Vater ein Gen für Süße beigesteuert haben.

Mehl-Mais

Mehl-Mais hat den Ruf als der Mais, der für die Ernährungssicherheit sorgt. Meinen Mehl-Mais habe ich aus dem räuber-resistenten "Harmony"-Mais selektiert. Ich selektierte auf weiche Körner und schied steinharte Typen aus.

Die einheimischen Köche kochen gern mit Mehl-Mais. Sie machen daraus Brot, Tortillas, Pozole, Grütze, Chicos (in den Hüllblättern dampf-gegarte Kolben), Mus und gerösteten Mais.

Mehl-Maiskörner sind weich und lassen sich leicht zu Mehl vermahlen. Das Mehl ist fein und leicht.

Aus Mehl-Mais lässt sich nach Nixtamalisierung eine weiche Grütze herstellen. Tortillas oder Tamales aus nixtamalisiertem Maismehl sind köstlich! Der Geschmack von nixtamalisiertem Mais ist ein weiterer, dieser subtilen, unscheinbaren Aromen, bei denen mein Körper Wohlfühl-Hormone freisetzt. Der nicht nixtamalisierte Mais, der normalerweise für Mais-Chips und Tortillas verwendet wird, erscheint mir dagegen grässlich.

Nixtamalisierung ist das Kochen von Mais in einer Lauge. Ich verwende dazu am liebsten reines Calciumhydroxid (Kalk). Traditionell wurde Holzasche verwendet. Das Kochen in einer Lauge löst die Schale des Maiskorns auf oder lockert sie. Ich spüle überschüssigen Kalk in einem Sieb ab. Es gibt viele Rezepte. Jeder scheint eine beste Methode zu haben. Ich verwende etwa zwei Esslöffel Calciumhydroxid auf knapp vier Liter Mais. Mit Wasser bedecken und kochen, bis sich die Schale löst. Das kann je nach Maissorte und Art der

Lauge 20 bis 60 Minuten dauern. Einige Rezepte verlangen, dass man den Mais über Nacht einweichen lässt, entweder vor oder nach dem Kochen. Meiner Ansicht nach macht das keinen Unterschied.

Ich mag den Geschmack von nixtamalisiertem Mais so sehr, dass ich keine Tortillas oder Mais-Chips kaufe, wenn „Calciumhydroxid" nicht als Zutat aufgeführt ist.

Ich mag es auch, Mais zu nixtamalisieren und ihn dann zu trocknen. Anschließend wird er gemahlen, um "Masa Harina" herzustellen. Die Nixtamalisierung wandelt die Proteine in eine Form um, die das Mehl für die Teigherstellung geeignet macht. Normaler, gemahlener Mais ergibt nur eine klebrige Paste.

Die Nixtamalisierung ist auch von Bedeutung, um Schimmelpilzgifte im Mehl zu reduzieren und das Vitamin Niacin (Nicotinsäure) aufnahmefähig zu machen, das vor Pellagra, einer Mangelkrankheit, schützt.

Luftbewurzelt

Vor einigen Jahren entdeckten Wissenschaftler Mikroben, die auf den Luftwurzeln einer Mais-Landsorte in Mexiko leben und Luftstickstoff binden. Diese Wurzeln produzieren ein Gel, das Nahrung für die Mikroben enthält; die Mikroben produzieren Stickstoff für den Mais. Es handelt sich um eine klassische symbiontische Beziehung.

Luftwurzeln bei einer Maispflanze

Luftwurzeln sind in der klassischen Züchtung schon seit Jahrzehnten verpönt, weil sie einen Knoten bilden, der sich nach der Ernte nicht so leicht zersetzt, was das Pflügen und Pflanzen in der nächsten Saison erschwert. Die moderne Pflanzenzüchtung für die industrialisierte Landwirtschaft versucht die Luftwurzeln deshalb auszumerzen.

Als ich von dem oben genannten Forschungsergebnis hörte, selektierte ich eine Population, die das Luftwurzelmerkmal enthält. Die Selektion erfolgte hauptsächlich aus "Harmony", "Lofthouse Flour" und "High Carotene Flint". Dies sind die Populationen, in denen das Merkmal am häufigsten vorkommt.

Bei feuchtem Wetter produzieren die Luftwurzeln ein Gel, das leicht süßlich schmeckt. Mikroben kann ich nicht sehen. Ich gehe davon aus, dass sie in dem Gel leben. Die Stängel mit Luftwurzeln gehören zu den höchsten auf meinen Feldern – als ob sie eine Extradosis Stickstoff bekommen würden. Ich dünge meine Felder nicht. Die Ernterückstände und Unkräuter dieses Jahres sind die Bodenfruchtbarkeit des nächsten Jahres. Ein Mais, der seinen eigenen Stickstoff produziert, hat einen Wettbewerbsvorteil.

Hülsenfrüchte

Hülsenfrüchte sind eine hervorragende Quelle für pflanzliches Eiweiß. Die Produktivität von Trockenbohnen ist im Vergleich zu anderen Nutzpflanzen gering und der Arbeitsaufwand hoch, aber sie liefern Eiweiß, das in anderen Gemüsesorten nicht so leicht verfügbar ist. Hülsenfrüchte können auch als Gemüse oder Grünzeug gegessen werden.

Die Hülsenfrüchte besetzen ein breites Spektrum an Ökosystemen. Um das Risiko zu minimieren, baue ich so viele Arten wie möglich an. Es ist unwahrscheinlich, dass ein bestimmter Schädling, eine Krankheit oder ein Wetterphänomen sie alle in derselben Wachstumsperiode vernichtet. Der Anbau vieler Arten erhöht die Ernährungssicherheit.

Feuer- x Gemeine Bohne

Feuerbohne (Phaseolus coccineus)

Erbsen, Linsen, Dicke Bohnen, Lupinen und Kichererbsen gedeihen am besten bei kühlem Wetter und sind frostbeständig, vielleicht sogar winterfest. Gartenbohnen, Teparybohnen, Augenbohnen, Limabohnen und Sojabohnen gedeihen am besten bei heißem Wetter. Einige Sorten der Gewöhnlichen Gartenbohne und der Teparybohne sind frostbeständig. Feuerbohnen gedeihen am besten in

Küstengebieten mit einem maritimen Klima. In einigen Gebieten sind sie mehrjährig.

Kreuzungspotential

Die Hülsenfrüchte bestäuben sich normalerweise selbst; aber die Kreuzungsraten können je nach Art, Sorte und Ökosystem zwischen 1 % und 30 % liegen. Gärten mit gesünderen Ökosystemen und einer größeren Vielfalt an Pflanzen und Insekten begünstigen höhere Raten von Fremdbestäubung. Hülsenfrüchte kreuzen sich häufiger, wenn sie eng zusammen gepflanzt werden.

Eine einfache Möglichkeit, natürlich vorkommende Hybriden bei Gewöhnlichen Gartenbohnen zu erkennen, besteht darin, Buschbohnen neben Stangenbohnen zu pflanzen. Wenn die Nachkommen der Buschbohnen in späteren Jahren Ranken bilden, handelt es sich um Hybriden mit den Stangenbohnen. Ein Viertel der zweiten Generation wird nach den Vererbungsregeln wieder zu Buschbohnen.

Eine Bohne mit weißen Blüten kann neben eine Bohne mit farbigen Blüten gesät werden. Wenn in der nächsten Generation farbige Blüten im weiß blühenden Beet auftauchen, handelt es sich um natürlich vorkommende Hybriden. Andy Breuninger aus Washington gab mir eine Art-Hybride, die er durch manuelle Kreuzung einer Gewöhnlichen Gartenbohne (als Mutter) mit einer Feuerbohne als Pollenspender erzeugt hatte. Die Nachkommen hatten scharlachrote Blüten. Die Farbe war aber im Vergleich zu reinen Feuerbohnen blasser.

Beim Keimen breiten gewöhnliche Bohnen ihre Keimblätter über der Erde aus; bei Feuerbohnen bleiben sie unter der Erde. Die Keimblätter der Art-Hybriden sind entweder auf oder unter der

Erdoberfläche. Diese Eigenschaft könnte genutzt werden, um Art-Hybriden zu erkennen.

Wenn eine Reihe Gartenbohnen neben einer Reihe Feuerbohnen wächst, kommt es gelegentlich zu gegenseitiger Befruchtung. Ein aufmerksamer Gärtner kann die natürlich vorkommenden Hybriden erkennen und sie in größerer Zahl anpflanzen.

Ich bekomme natürlicherweise gekreuzte Bohnen immer mal wieder von Freunden und Mitarbeitern. Dave in Oregon z. B. baut Bohnen getrennt als reine Sorten an. Sie wachsen in Beeten, die einige Meter voneinander entfernt sind. Vielleicht hat einer von 100 Samen, die er erntet, eine andere Farbe als erwartet. Das sind natürliche Hybriden. Seine Frau möchte aber nur reine Sorten kochen; deshalb sortiert sie die gekreuzten Bohnen vor dem Kochen aus. Dave gab mir ein Glas mit den gekreuzten Bohnen. Ich fand es großartig, sie anzubauen: Jede Menge Vielfalt unter den Nachkommen.

Tim Springston in New York bemerkte eine natürliche Kreuzung in seinen Maisfeld-Bohnen. Er teilte Saatgut mit mir. Ein Viertel der Nachkommen waren Buschbohnen; die säte ich im kommenden Jahr wieder aus. Die Stangenbohnen aß ich auf. Ich fand eine außergewöhnlich schön gefärbte Bohne, die ich getrennt aussäte. Da sich gewöhnliche Bohnen in der Regel selbst befruchten, war es einfach, sie von der Landsorte zu trennen und aus ihr eine reine Zuchtsorte zu entwickeln.

Tim Morrison aus meinem Dorf hebt die natürlichen Hybriden, die bei ihm auftauchen, für mich auf. Ich säe sie aus und wähle die Typen aus, die mir gefallen. Ich bin angetan vom ständigen Durchmischen der Gene wie bei einer Lotterie. Je häufiger ich gemischtes Saatgut säe, desto größer wird die Wahrscheinlichkeit, dass ich etwas finde, das hier wirklich gut gedeiht.

Dicke, Acker- oder Saubohnen

Mit Dicken Bohnen (Vicia faba) zu arbeiten, ist eine wahre Freude. Ihre Fremdbestäubungs-rate liegt bei etwa 30 %. Hummeln verbringen viel Zeit auf den Bohnenblüten. Die hohe natürliche Fremdbefruchtung erhält die genetische Vielfalt.

Dicke, Acker- oder Saubohnen

Als ich zum ersten Mal Saubohnen aussäte, wusste ich nichts über sie. Da es sich um „Bohnen" handelt, pflanzte ich sie in der heißesten Jahreszeit mit den anderen Bohnen. Sie blühten wie verrückt. Ameisen bauten Blattlausfarmen auf ihren Blättern auf. Sie bildeten keine Samen. Dann informierte ich mich über sie: Die Blüten sind unfruchtbar bei hohen Temperaturen.

Heute säe ich Dicke Bohnen möglichst früh im Frühling. Ich säe sie gerne an dem Tag, an dem der Boden auftaut. Das ist ungefähr in der dritten Märzwoche. Je früher sie im Frühjahr in Gang kommen, desto mehr können sie bei kühlem Wetter blühen und desto mehr Samen bilden sie. Ich weiche sie oft über Nacht ein, bevor ich sie säe, damit sie schneller keimen.

Ackerbohnen sind bis Zone 8 winterhart. In wärmeren Regionen empfehle ich, sie im Herbst zu säen. Sie ertragen Temperaturen bis etwa -12 °C.

Ich experimentiere bei den Ackerbohnen jedes Jahr mit der Herbstsaat. Der richtige Zeitpunkt ist entscheidend. Die besten

Ergebnisse erziele ich mit Samen, die ich ein oder zwei Tage vor dem ersten Schnee (Anfang November) in die Erde bringe. Junge Pflanzen killt der Winter; aber die Samen überleben in der Erde und keimen ein paar Wochen früher als die, die im Frühjahr gesät werden.

In jedem Herbst wächst in meinem Garten eine große Anzahl von Ackerbohnen, die als Freiwillige in den Winter gehen. Viele von ihnen sterben schon beim ersten Frost. Einige aber überleben bis zum Frühjahr und gehen erst dann ein. Ich beobachte sie weiter. Vielleicht überlebt mal eine von ihnen einen Winter, der drei Zonen kälter ist als ihre bevorzugte Klimazone.

Das ist das Wesen der Landsorten-Pflanzenzucht: Die Grenzen ausdehnen und dann nach interessanten Dingen Ausschau halten, die überleben und gedeihen.

Gemeine oder Gewöhnliche Bohnen

Gewöhnliche Gartenbohnen (Phaseolus vulgaris) haben Kreuzungsraten von etwa 0,5 bis 5 %. Ich fördere Kreuzungen, indem ich Sorten eng zusammen säe. Ich achte auf natürlich vorkommende Hybriden und pflanze diese lieber als Inzuchtsorten.

Jeden Herbst sortiere ich meine Gartenbohnen. Ich wähle ungefähr gleich viele von jedem Typ aus, die ich in der nächsten Saison wieder aussäe. Wenn ich nicht gleich viele aussäen würde, würden die kleinen rosa Bohnen und die Pintobohnen die Vorherrschaft übernehmen; denn sie gedeihen hier besonders gut.

Ich selektiere nur nach dem Aussehen der Samen. Wenn ich ein Häufchen mit großen weißen Bohnen mache, haben sie die Gene für "Große weiße Samen" gemeinsam. Für andere Merkmale können ihre Gene unterschiedlich sein.

Ich baue Bohnen hauptsächlich an, um Saatgut zu tauschen und um zu züchten. Daher möchte ich so viel Vielfalt wie möglich. Wenn ich Bohnen nur zum Essen anbauen würde, würde ich hauptsächlich die mit den meisten Samen anbauen. Die ertragreichsten Sorten würden dominieren.

Tepary-Bohnen

Manche Leute reden mit mir wie mit einem unartigen Kind, nur weil ich Teparybohnen (Phaseolus acutifolius) anbaue. Angeblich sind sie Zwischenwirt für einen Virus, das gewöhnliche Bohnen schädigt. Ich weiß nicht. Wenn eine Bohnenpflanze anfällig für ein Virus ist, stirbt sie; aber es gibt viele andere Familien, die nicht anfällig sind.

Ich habe Tepary- und Gartenbohnen jahrelang erfolgreich zusammen angebaut. Falls es ein Virusproblem gibt, haben sie es schon vor langer Zeit gelöst.

Hülsenfrüchte kochen

Samen im Allgemeinen und Bohnen im Besonderen enthalten Anti-Nährstoffe. Traditionelle Kochmethoden erfordern ein längeres Einweichen der Hülsenfruchtsamen und anschließendes Kochen bei hohen Temperaturen. Einweichen, Spülen und Kochen bei hohen Temperaturen reduzieren die Anti-Nährstoffe.

Ich kann die Giftstoffe in Bohnensamen schmecken. Sie schmecken wie Medizin, wie etwas, das ich auf keinen Fall zu mir nehmen möchte. Ich kann das Gift in grünen Bohnen schmecken, obwohl die Menge minimal ist. Trotzdem sind grüne Bohnen ein Lebensmittel, das ich so lange koche, bis sie richtig gar sind. Ich bevorzuge, sie im Druckkochtopf zu erhitzen oder sie in heißem Öl zu braten, statt sie zu kochen. Ich frage mich, ob die Magenverstimmungen, die nach dem Verzehr von Bohnen so häufig auftreten, darauf zurückzuführen sind, dass die Giftstoffe nicht richtig zerstört wurden?

Die Hülsen von Tepary- und Limabohnen schmecken besonders übel. Ich vermeide, sie zu essen. Unser Körper sind sehr gut darin, Pflanzen zu spüren, die für sie als Nahrung ungeeignet sind.

Da traditionelle Kochmethoden die Giftstoffe reduzieren, habe ich nicht gezielt gegen giftige Bohnen selektiert. Ich könnte die Samen einweichen, um sie vor dem Aussäen zu probieren. Aus Neugier probiere ich rohe Bohnensamen. Es ist erstaunlich, wie vielfältig giftig sie schmecken.

Manchmal füttern mich Leute mit Pfannkuchen aus dem Mehl der "Garbanzo-Bohne" (Kichererbse, Cicer arietinum). Das Mehl wird durch Mahlen roher Kichererbsen hergestellt. Der Geschmack von Gift ist überwältigend. Die traditionelle Verarbeitungsmethode, z. B. um Falafel herzustellen, besteht darin, die Bohnen einzuweichen, sie im Schnellkochtopf zu garen und sie anschließend zu einem Brei zu zerstampfen. Dann werden sie zu Bällchen geformt und frittiert. Rohe Bohnen nur zu mahlen und sie für einen Pfannkuchen kurz zu erhitzen, deaktiviert das Gift nicht.

Ich koche Bohnensamen gern im Schnellkochtopf. Die Temperaturen sind hoch genug, um die Giftstoffe schnell und vollständig zu deaktivieren. Durch das Kochen unter Druck werden die Samen außerdem viel schneller weich an meinem hoch gelegenen Wohnort.

Lupinenbohnen (Lupinen, Lupinus spec.) sind die giftigsten Samen, die ich bisher probiert habe. Das Rezept für ihre Zubereitung sieht vor, sie zwei Wochen lang einzuweichen und dabei das Wasser dreimal täglich zu wechseln. Eine alternative Methode sieht vor, sie eine Woche lang in fließendem Wasser liegen zu lassen.

Ich empfehle, keine Schongarer („Langsamgarer") zum Kochen von Bohnen zu verwenden; sie werden möglicherweise nicht heiß genug, um die Bohnengifte zu deaktivieren. Sie eignen sich hervorragend zum Aufwärmen von Bohnen, die mit anderen Methoden vollständig durchgekocht wurden.

Hier ist das Rezept, das ich zum Kochen von Erbsen und Bohnen verwende.

- Abspülen und sortieren. (Kieselsteine zu kochen, macht keinen Sinn.)
- 8 bis 36 Stunden in kaltem Wasser einweichen, alle 4 bis 8 Stunden das Wasser wechseln und abspülen. Normalerweise beginne ich morgens mit dem Einweichen der Samen, die ich am nächsten Tag kochen will.
- 10 Minuten sprudelnd kochen. Die Herdplatte abschalten. Eine Stunde im Kochwasser stehen lassen. Abspülen.
- Andere, gewünschte Zutaten zugeben und anschließend so lange kochen, bis die Erbsen oder Bohnen weich sind.

Störe weniger.

Lass das Leben leben.

Die Kürbis-Familie

Kürbisse, Melonen, Gurken und Flaschenkürbisse sind natürlicherweise Fremdbestäuber. Sie haben männliche und weibliche Blüten an derselben Pflanze. Bienen transportieren Pollen zwischen den Blüten. Aufgrund ihrer hohen Fremdbestäubungsrate sind Arten aus der Kürbisfamilie eine ausgezeichnete Wahl, um erste Erfahrungen im Gärtnern mit Landsorten und bei der Samengewinnung zu sammeln.

Wassermelone

Ich selektiere Wassermelonen (Citrullus lanatus) mit gelbem Fruchtfleisch, weil der Stoff, der das Fruchtfleich von Melonen (und Tomaten) rot färbt, bitter ist. Ich kann Melonen mit geringerem Zuckergehalt anbauen, die

Gelbe Wassermelone

trotzdem süßer schmecken als die rotfleischigen, weil sie keine Extra-Süße benötigen, um die Bitterkeit zu überdecken.

Pepo-, Gemeiner oder Gartenkürbis

Zu den Pepo-Kürbissen (Cucurbita pepo) gehören Crookneck-, Zucchini-, Eichelkürbis-, Delicata-, Jack-o-Lantern- und Zierkürbissorten. Sie sind die am schnellsten reifenden Winterkürbisse (ausgereifte Kürbisse). Oft werden sie als Sommerkürbis (junger, unreifer Kürbis) gegessen.

Die Zierkürbisse sind eng mit einem wilden Vorfahren verwandt und können bitter schmeckende Gifte enthalten. Ich rate davon ab, Zierkürbissen in der Kürbiszucht zu verwenden, es sei denn, jemand möchte sich die Mühe machen, durch Geschmacksproben die giftstoffhaltigen Exemplare von der weiteren Vermehrung auszuschließen.

Acorn/Delicata-Grex

Viele Jahre lang habe ich es vermieden, Pepo-Kürbisse als Winterkürbisse anzubauen. Ich dachte, ich müsste würgen, wenn ich sie essen müsste. Viele Gartenkürbisse haben blasses, weißes Fleisch, fast ohne Carotin. Ich mag aber nun mal gelbe Carotine in meinem Essen.

Aufgrund von Kundenanfragen begann ich, Pepo-Winterkürbisse anzubauen. Ich folgte meinem üblichen Protokoll, das besagt, jeden Kürbis jeder Generation zu probieren, bevor ich ihre Samen als Saatgut verwende. Heute jammere ich nicht mehr, wenn ich Pepo-Winterkürbisse probieren muss. Man bekommt das, was man auswählt. Ich selektiere nach Geschmack und farbigem Fruchtfleisch.

Ich ziehe einen Hybridschwarm aus Delicata- und Eichelkürbis. Wenn ich Wert darauf legen würde, die Formen zu erhalten, könnte ich sie getrennt als Schwesterlinien ziehen, mit Delicata an einem Ende der Reihe und Eichelkürbis am anderen. Meine wichtigsten Auswahlkriterien sind aber Geschmack und Farbe des Fruchtfleisches. Form und Farbe der Schale sind mir egal.

Ich ziehe gelbe Krummhals(Crookneck)-Kürbisse. Ich achte bei der Selektion darauf, dass "Krummhalsigkeit" und gelbe Schalenfarbe erhalten bleiben. Andere Merkmale können variieren.

Ich baue Pepo-Kürbisse als Zukkini (Sommerkürbis) an. Sie sollen lange, dünne Früchte haben. Die Schale kann dunkelgrün, hellgrün, gelb, beige, weiß oder gestreift sein. Ich wähle buschig wachsende Pflanzen aus. Ausgereifte Zukkini, anständige Winterkürbisse, denen ich die Samen entnehme, werden hier

Längliche Landsorten-Pepo-Kürbisse

(und andernorts) "Marrows" genannt. "Marrows" selektiere ich auf Geschmack und auf leichte Schneidbarkeit ihrer Schale.

Moschata-, Duft- oder Aroma-Kürbis

Die Gruppe der "Butternut"-Kürbisse (Cucurbita moschata) gilt als die Art, die am widerstandsfähigsten gegen Schädlinge und Krankheiten ist. Die Ranke und der Fruchtstiel sind hart, was sie resistent gegen die Raupen des Kürbisrankenbohrers (Squash vine borer, Melittia cucurbitae) macht, eines Glasflügel-Schmetterlings, der (bisher) nur in Nordamerika heimisch ist. Ihr Geschmack ist besser als der von Pepo-Kürbissen, aber nicht so gut wie der von Maxima-Kürbissen. Sie behalten eine ausgezeichnete Qualität auch bei langer Lagerung.

In dem Jahr, in dem ich anfing, eine Moschata-Landrasse zu kreieren, dauerte die Wachstumsperiode in meiner Gegend 88 Tage. 75% der Sorten, die ich angebaut hatte, setzten keine Früchte an. Ich erntete nur ein paar unreife Früchte, die einige Monate im Haus

Lofthouse-Landsorte des Moschata-Kürbis

nachreifen mussten, bevor ich Samen ernten konnte. Aber schon im dritten Jahr konnte ich reife Früchte im Übermaß ernten nach einer nur 84-tägigen Wachstumsperiode.

Ich säte Kürbisse in "Butternut"-, Langhals- und runden Formen. Sie befruchteten sich untereinander. Ihre Nachkommen hatten unzählige Formen und Größen. Die Kunden auf dem Bauernmarkt waren misstrauisch. Viele hatten noch nie zuvor einen runden "Butternut"-Kürbis gesehen.

Ich habe erwähnt, dass Landrassen mit einer Gemeinschaft verbunden sind. Dies war meine erste Begegnung mit dieser Idee. Meine Kunden haben gelernt, dass alles, was ich auf den Markt bringe, fantastisch schmeckt. Egal, welche Form, Farbe oder Größe die Frucht hat. Meine Kunden entwickelten eine Vorliebe für die langhalsige Form. Daher baue ich vorzugsweise den langhalsigen Phänotyp an; etwa 90 % sind langhalsig und 10 % rund. Dadurch bleibt der langhalsige Typ dominant und die genetische Vielfalt trotzdem erhalten.

Leute, die Saatgut bei mir kaufen, fragten nach kleineren Früchten. So begann ich, jedes Jahr auch Saatgut von den kleinsten Früchten aufzubewahren. Ich baute sie auf einem separaten Feld an. Irgendwann wogen die Früchte weniger als ein halbes Pfund. Ich mochte sie nicht. Sie waren nicht lagerfähig. Ihre Samen waren klein und hatten nicht genug Energie, um schnell zu wachsen. Den kleinen Pflanzen fehlten Kraft und Wüchsigkeit. Ich gab kein Saatgut von ihnen weiter. Eine

Sorte muss dem Erzeuger gefallen, bevor sie von einer Gemeinschaft geliebt werden kann. Für einen Selbstversorger liefern größere Früchte mehr Nahrung bei gleicher Arbeit und gleichem Platzbedarf. Mein Ziel ist es, Sorten zu züchten, deren Früchte zwischen 5 und 15 Pfund wiegen.

Maxima- oder Riesen-Kürbis

Ich liebe Riesen-Kürbisse (Cucurbita maxima). Sie wachsen kräftig. Sie schmecken würzig und süß. Sie reifen schnell. Der Ertrag ist wunderbar. Sie produzieren Carotine im Überfluss. Ihre Lagerfähigkeit beträgt durchschnittlich drei bis fünf Monate.

Maxima-Kürbisse haben dicke, saftige Stängel und korkige Fruchtstiele. An vielen Orten werden sie von den Rankenbohrern heimgesucht. Viele Leute versuchen nicht einmal mehr, sie anzubauen. Sie haben keine Lust, sich mit den Rankenbohrern herumzuschlagen.

Was wäre, wenn wir den wunderbaren Geschmack der Maxima mit der Resistenz der Moschata gegen Rankenbohrer kombinieren könnten?

Die gängigen Kürbis-Arten kreuzen sich normalerweise nicht miteinander. Ich habe in 12 Jahren eine natürlich vorkommende Hybride gefunden. Ich baue jedes Jahr Tausende von Kürbissen an.

Es gibt eine Art-Hybride namens Tetsukabuto. Sie ist eine Kreuzung aus Maxima und Moschata. Gewitzte Pflanzenzüchter in Japan haben sie geschaffen. Pinetree Garden Seeds verkauft Samen. Die männlichen Blüten verwelken, bevor sie Pollen produzieren. Ich habe Tetsukabuto in meinem Maxima-Kürbisbeet angebaut. Der Maxima-Kürbis bietet Pollen. Bienen verteilten den Pollen.

Ich habe die Samen wieder ausgesät. Im ersten Jahr habe ich nur Saatgut von den Pflanzen genommen, die wieder fruchtbaren Pollen hatten. In späteren Jahren habe ich bei der Selektion auf den herzhaften Maxima-Geschmack und dünne, harte Moschata-Ranken geachtet. Anbauberichte aus Gebieten, in denen Rankenbohrer lästig sind, besagen, dass meine Kürbisse gegen sie resistent sind. Ich nenne diese Population "Maximoss". Ich würde mich freuen, wenn andere diesen Prozess wiederholen würden.

Ich habe auch in die andere Richtung selektiert, und zwar auf Früchte mit "Butternut"-Form. Diese Population nenne ich "Moschamax". Einige der Nachkommen haben die orangefarbene Schale der Maxima-Buttercup übernommen. Ich habe noch keine Variante gefunden, die den herzhaften Maxima-Geschmack und die "Butternut"-Form vereint. Der Selektionsprozess wäre einfacher, wenn ich bereit wäre, die ausgewählten Eltern manuell zu bestäuben.

Geschmack

Bevor ich die Samen eines Kürbis' als Saatgut verwende, probiere ich ihn. Ich probiere etwa 16 Früchte an einem Termin. Ich probiere sie roh und gekocht.

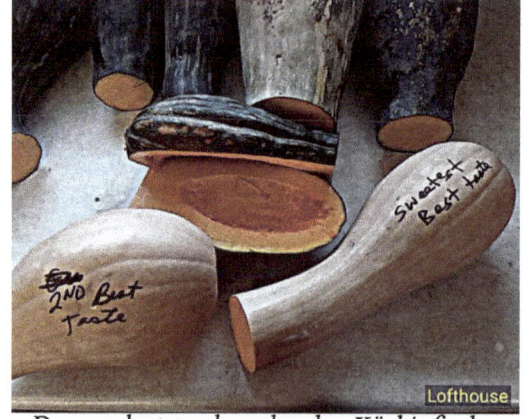
Den am besten schmeckenden Kürbis finden

Beim Geschmackstest achte ich darauf, wie gut sich die Frucht lagern lässt. Ich notiere, wie leicht es sich schneiden und schälen lässt. Ich rieche an jeder Frucht. Ich begutachte die Farbe. Wenn mir an der Frucht etwas nicht gefällt, verfüttere ich sie an die Hühner. Ich hebe nur Samen von Früchten auf, die mir in jeder Hinsicht gefallen.

Wie schon wiederholt bemerkt, stehe ich auf den Geschmack von Carotinen in meinem Essen. Je mehr Carotine es enthält, desto besser schmeckt es mir. Der Carotin-Gehalt ist besonders bemerkbar bei Kürbissen. Von Jahr zu Jahr werden meine Kürbisse dunkler orange. Ich mag sie jedes Jahr ein bisschen mehr.

Kürbis kochen

Ich liebe gekochten Kürbis. Jede Kürbissorte kann als Sommerkürbis gegessen werden, solange sie noch unreif und zart ist. Mein Favorit ist Crookneck, weil er reich an den von mir so geliebten Carotinen ist. Ich brate ihn in einer

Viele Früchte testen

heißen Pfanne mit Öl an, bis er braun ist, und würze ihn dann mit Salz und Pfeffer. Ich koche oder dämpfe Sommerkürbis nicht gern, weil er dann leicht matschig wird und ich davan würgen muss. Meine Mutter gibt geraspelten Sommerkürbis in Kuchen und Kekse. Wir frieren geraspelten Kürbis für diesen Zweck im Winter ein.

Winterkürbis koche ich auf ähnliche Art und Weise. In 1 cm dicke Scheiben geschnitten. In Öl angebraten, bis sie weich sind. Langhalsige "Butternut" lassen sich auf diese Weise besonders gut zubereiten, da sie runde Scheiben bilden. Ich habe langhalsige "Butternut" mit zarter Schale selektiert. Das macht es einfach, sie mit einem Kartoffelschäler zu schälen oder die weiche, zarte Schale mitzuessen.

Langhalsiger Kürbis in Scheiben geschnitten

Wir backen Winterkürbisse etwa eine Stunde lang bei 180 °C im Ofen, bis sie weich sind. Wir backen sie als halbe Früchte oder schneiden sie in Stückchen wie Pommes. Wenn wir sie als Pommes backen, wälzen wir sie vorher in Öl.

Alle Reste werden püriert und eingefroren, um sie als Füllung für "Pumpkin Pie" zu verwenden. Ich stelle solche Füllungen auch her, indem ich Kürbisse in Liter-Gläser einkoche. Selbst eingemachte Kürbisse haben eine goldene Farbe und schmecken leicht, ganz anders als der braune Brei, den Maschinen produzieren.

Ich koche mit Gesang, Tanz, Freude und Dankbarkeit. Ich glaube, das macht den kleinen Unterschied, wie Essen schmeckt. Es macht auf jeden Fall einen Unterschied in meiner Einstellung zum Essen. Ich achte besser auf mich selbst, wenn ich weiß, dass die Nahrung, die ich zu mir nehme, durch meine Zuwendung und Aufmerksamkeit gesegnet/positiv geladen wurde.

Die Natur weiß, wie sie auswählt.

Wir müssen nur zuhören.

Getreide

Der Anbau und die Lagerung von Getreide ermöglichten die Zivilisation. Getreide lässt sich mit einfachen Werkzeugen und Methoden leicht anbauen und ernten. Ihre enorme Produktivität, ihr hoher Kaloriengehalt und ihre lange Lagerfähigkeit ermöglichten eine Zentralisierung der Nahrungsmittelversorgung. Dadurch konnten Menschen zusätzlich andere Aktivitäten wie Lesen und Schreiben, Kunst, Wissenschaft, Musik, Bergbau, Bauwesen, Fertigung, Handel und Politik ausüben.

Die hohe Produktivität von Getreide hält bis zum heutigen Tage an und kann als Quelle der Freiheit von der Zentralisierung dienen. Getreide ist MÄCHTIG, um Gutes oder Böses zu bewirken.

Mit einer Stunde mäßig schwerer Arbeit kann ich genug Getreide ernten, um mich eine Woche lang zu ernähren. Umgekehrt kostet mich die Ernte eines Jahresgetreidevorrats nur eine Woche Arbeit. Das Säen und das Pflegen der wachsenden Pflanzen kann eine weitere Woche in Anspruch nehmen. Getreide enthält wenig Vitamine; allein taugt es deshalb nicht für eine ausgewogene Ernährung.

Anbau

Ich betreibe Subsistenzlandwirtschaft, baue biologisch an in einem Low-Input-System. Das beeinflusst, welche Getreidearten ich gut finde. Ich möchte, dass das Getreide etwa hüfthoch ist, da ich mich beim Ernten nicht bücken möchte. Höhere Getreide wachsen dem Unkraut über den Kopf, was Arbeit beim Jäten spart. Man sagt, dass höheres Getreide anfälliger für Lagern ist. Ich ernte keine Samen von lagernden Pflanzen und selektiere somit auf Standfestigkeit.

Ich habe auf meinen jetzigen Flächen seit Beginn meines Anbaus vor 12 Jahren weder Gifte und Herbizide noch Kunstdünger, Kompost oder Mist verwendet. Ich selektiere auf Pflanzen, die trotz Boden, Klima, Krankheiten, Schädlingen und plündernden Säugetieren gedeihen. Wenn sie auf ein gedüngtes Feld kommen, gedeihen sie richtig üppig; aber ich möchte nicht, dass mein landwirtschaftliches System von weit entfernten Mega-Unternehmen abhängig ist.

In meiner Gegend hat sich Cache-Tal-Roggen eingebürgert. Er wächst am Straßenrand, auf den Hügeln und an anderen, nicht gemähten Stellen. Er benötigt keine Bewässerung. Er breitet sich selbstständig mit dem Herbstregen aus und überwintert. Er wächst sogar unter dem Schnee!

Im Frühjahr überwächst er das Unkraut. Auf unbewässerten Flächen erreicht er eine Höhe von 1 m, auf bewässerten wird er bis zu 2 m hoch. Als sich selbst wieder aussäende Pflanze eignet er sich hervorragend für pfluglose Kultur. Er wächst auf genügend verwilderten Flecken, um alle satt zu machen, die seine Körner ernten wollen.

Was für ein wunderbares Anbausystem. Die Winterregen liefern dieser Kultur die Feuchtigkeit. Es gibt keinen Unkrautdruck, da er wächst, wenn das Unkraut Winterruhe hält. Ich harke die Pflanzen ein paar Mal im Frühjahr. Das Harken tötet die empfindlichen einjährigen Unkrautkeimlinge, ohne dem Getreide Schaden zuzufügen.

Bei mir stirbt der Hafer im Winter normalerweise ab. In manchen Jahren überleben ein paar. In anderen Jahren gehen alle ein. Hafer ist für mich nicht zuverlässig spelzfrei. Das macht es unangenehm, ihn zu essen. Ich konzentriere mich deshalb im Moment auf leichteres

Entspelzen. Wenn das gelöst ist, versuche ich vielleicht, auf Winterhärte zu selektieren.

Viele Weizensorten überwintern bei mir zuverlässig. Der Weizen meines Ururgroßvaters wuchs als unbewässerter Winterweizen.

Wenn man nur kleine Mengen Getreide anbaut und die Körner weit auseinander gesät werden (0,3 m), bilden sie viele Halme pro Pflanze (und bis zu 350 Körner). Für rasche Saatgutvermehrung verwende ich also weite Abstände.

Ernte

Die Werkzeuge, die ich zum Ernten und Reinigen von Getreide verwende, sind mein Körper, Handschuhe, Schuhe, Bypass-Scheren, eine Plane, ein Stock und Eimer. Die Ernte von Getreide ist aber durchaus auch mit Hilfe anderer Gegenstände oder sogar ohne diese möglich.

Leichtes Dreschen ist mir wichtig. Ich ernte mit Handscheren und dresche mit den Füßen oder durch Schlagen mit einem Stock. Da ich mit der Hand ernte, brauche ich keine einheitlichen Reifetermine.

Ich selektiere stark auf Getreidesorten, deren Körner nicht ausfallen, sodass das Getreide lange auf dem Feld stehen kann. Frühe Reife ist für mich das vorrangige Auswahlkriterium. Getreidesorten, die länger reifen, sind stärker durch Wind, Regen, Krankheiten und Tiere gefährdet. Ich will genetische Vielfalt, damit ein Schädling oder eine Krankheit nicht ein ganzes Feld vernichtet, sondern schlimmstenfalls einen Teil der Pflanzen.

Meine Erntetechnik besteht darin, die Reihe entlangzugehen, eine Handvoll Getreidehalme zu greifen und die Ähren mit einer Schere oder einer Sichel abzuschneiden und auf eine Plane zu werfen. Später springe ich auf ihnen herum oder schlage sie mit einem Stock. Nachdem sie gründlich gedroschen sind, schütte ich sie gegen den

Wind von Eimer zu Eimer, um die Getreidekörner von der Spreu zu trennen. Die Trennung leichter Teile von schwereren Dingen mit Hilfe von Wind nennt man Worfeln. Ein Stück Drahtgeflecht oder ein Sieb kann hilfreich sein, um vor dem Worfeln größere Spreuteile von den kleineren Körnern zu trennen. Der Großteil der Spreu kann vor dem Worfeln auch abgeharkt werden.

Beim Getreideanbau selektiere ich auf Pflanzen, die etwa hüfthoch wachsen, weil ich sie dann leicht im Stehen ernten kann. Manche Getreidesorten lassen sich ohne Mühe ernten, indem man die Ähren packt und kräftig an ihnen zieht, wobei die Ähren vom Stängel abreißen. Ich trage dabei gerne Handschuhe und Schuhe, damit die Spreu mich nicht piekst.

Züchtung

Die "Rocky Mountain Seed Alliance" veranstaltet die "Heritage Grain Trials" (Versuche mit historischen Getreidesorten). Wir sammeln, ziehen und vermehren historische Getreidesorten. Saatguterhalter, Gärtner, Landwirte, Köche und Bäcker arbeiten bei dem Projekt zusammen. Meine erste Aufgabe bei dem Projekt war es, ein paar Fingerhüte Saatgut zu ein paar Tassen voll zu vermehren. Ich habe erfolgreich Weizen, Gerste, Roggen und Hafer angebaut. Mit Hirse hatte ich keinen Erfolg. Der brüchige, flattrige Hafer gefiel mir nicht, also habe ich ihn nicht noch einmal freiwillig angebaut.

Nach ein paar Jahren waren meine Felder mit Getreide völlig verunkrautet. Ich konnte für das Projekt keine reinen Sorten mehr anbauen. Deshalb begannen wir Projekte, um Landsorten von Weizen und Gerste zu züchten. Während ich Versuche durchführte und die Saatgutmengen erhöhte, taten andere Gärtner dasselbe. Lee-Ann Hill, Projektmanagerin, schickte mir etwa 16 Sorten von den Arten, die nach allgemeiner Ansicht in den Rocky Mountains gediehen. Ich fügte einige meiner Favoriten hinzu, darunter auch den Weizen meines Ururgroßvaters.

In trockenem Klima haben Weizen und Gerste eine Fremdbestäubungsrate von etwa 10 %; in feuchtem Klima ist sie geringer. Wir haben die Sorten gemischt, um die Fremdbestäubung zu fördern. Beide Populationen gediehen bei Frühjahrssaat.

"Occidental Arts and Ecology" schickte auch Samen, die von etwa 2000 Weizensorten abstammten. Ich säte sie am selben Tag auf das selbe Feld. Occidental liegt an der kalifornischen Küste. Die Samen waren nicht an die Wüste, die große Höhe und die Rocky Mountains angepasst. Die große Mehrheit der Pflanzen blühte auf Schienbeinhöhe. Das gefiel mir nicht, denn ich bücke mich nicht gern zum Ernten. Einige Pflanzen wuchsen hoch und kräftig. Ich hob Samen von ihnen auf und kombinierte sie zu einer gemeinsamen Saatpartie mit den Sorten der „Heritage Grain Trials". Die Samen von Occidental trugen etwa 15 % zur Gesamternte bei, obwohl sie etwa 60 % der gesäten Samen ausgemacht hatten.

Die Occidental-Population war viel vielfältiger als die "Heritage Grain Trials"-Population; aber ein Großteil der Vielfalt blieb schon deshalb nicht erhalten, weil sie meinen Bedürfnissen als Landwirt nicht entsprach. Ich habe weder Saatgut von kleinen Pflanzen geerntet, noch von Pflanzen, die erst im Spätherbst reif waren. Einige der Occidental-Pflanzen brauchen einen Winter, bevor sie blühen; sie blühen bei Frühjahrssaat nicht.

Ich habe Saatgut für die Getreideversuche zurückgegeben. Ich habe die Weizen- und Gersten-Grexe als „Rocky Mountain Wheat" und „Rocky Mountain Barley" an das "Experimental Farm Network" geschickt. Ich habe sie Bäckern gegeben.

Ich war begeistert vom Weizen. Er wuchs robust. Die Pflanzen waren groß und leicht zu ernten, ohne sich bücken zu müssen.

Die Gerstenpflanzen waren niedriger. Ich habe nur Samen von den größten Pflanzen gesammelt, die nicht durch Wind oder Bewässerung umgefallen sind. Ich möchte, dass sich die Population in Richtung einer leichter zu erntenden Population entwickelt.

Ich habe die gesammelten Körner wieder ausgesät. Dabei tauchten einige Hybriden auf, die sich durch neue Phänotypen von der Gesamtmenge abhoben oder die als Abweichler in den späteren Pflanzungen der Geschwistergruppen auffielen. Wieder sammelte ich Samen, gab sie zu den "Heritage Grain Trials" zurück und teilte sie mit dem "Experimental Farm Network".

Da Weizen und Gerste in meinem Garten Unkraut sind, selektiere ich unbeabsichtigt auf Winterhärte. Wahrscheinlich werde ich am Ende Schwesterlinien anbauen, eine Population für Frühjahrssaat (Sommerweizen und Sommergerste) und eine für Herbstsaat (Winterweizen und Wintergerste). Vielleicht streue ich Samen der Winterformen in die umliegende Wildnis und überlasse sie sich selbst. Weizen ist in meiner Gemeinde derzeit nicht verwildert. Wenn genügend Vielfalt angebaut wird, könnte etwas dabei sein, das verwildern kann.

Ich verwende den Begriff „Winterweizen" für Pflanzen, die im Herbst gesät werden und den Winter überleben. „Sommerweizen" bezeichnet Pflanzen, die im Frühling gesät werden. Einige Getreidesorten benötigen Kälte, damit sie blühen. Eine Aussaat im frühen Frühjahr kann schon für die nötige Kälte ausreichen.

Es gibt Sorten, die explizit Winterweizen oder explizit Sommerweizen sind. Die meisten Weizensorten, die ich anbaue, können in beiden Jahreszeiten ausgesät werden. Bei Gerste neige ich jedoch dazu, nur Varianten für die Frühjahrssaat anzubauen.

Die Genetik von Weizens ist komplex. Ich habe alle Typen zusammengeworfen. Sie können das mit der Genetik untereinander klären.

Einige Sorten werden häufiger fremdbefruchtet als andere. Mir ist aufgefallen, dass sich die Staubbeutel der stärker von Fremdbefruchtung betroffenen Sorten außerhalb der Hüllspelzen befinden. Mit der Zeit tendiert Getreide, das im Landsortenstil angebaut wird, automatisch dazu, auf höhere Fremdbefruchtungsraten selektiert zu werden.

Ausdauernde Getreide

Ich baue auf kleinen Flächen mehrjährigen Weizen und mehrjährigen Roggen an. Der Überlieferung zufolge entstanden sie als Art-Hybriden durch Kreuzungen mit Wildgräsern. Der Reiz der Permakultur besteht darin, dass man nur einmal sät und dann den Boden in Ruhe lassen kann. Mein ursprüngliches Ziel bei diesen ausdauernden Arten war, sie auf Winterhärte zu selektieren. Derzeit selektiere ich sie auf Dreschbarkeit. Mein ursprüngliches Saatgut habe ich von Jason Padvorac erhalten. Er schrieb:

Viele Bergvölker sammeln und pflegen wild wachsendes, mehrjähriges Getreide. Wer mehr über mehrjähriges Getreide erfahren möchte, sollte sich einmal ansehen, mit welchem Getreide lokale, indigene Völker arbeiten und wie sie das tun.

Einige mehrjährige Getreidearten haben eine sehr kurze produktive Lebensspanne und wurden zu Anfang der kommerziellen Produktion alle zwei oder drei Jahre untergepflügt. Ein weiterer Grund dafür ist, dass das Feld zu einem Grasland-Ökosystem wird und das mehrjährige Getreide nicht mehr die Hauptpflanze ist. Man will einen höheren Ertrag pro Hektar. Einige haben eine lange Lebensdauer, aber würden sich ohne jegliche Art von Bewirtschaftung oder Störung selbst ersticken. Das macht einen großen Unterschied für die Bewirtschaftung und bis zu welchem Grad wir wirklich „nur säen und den Boden dann nicht mehr stören" können.

Wenn wir mehrjähriges Getreide ohne regelmäßige Störungen anbauen wollen, müssen wir die Ökologie von Grasland nachahmen. Natürliches Grasland hat eine Mischung aus Gräsern und Kräutern, die ein natürliches Gleichgewicht finden. Um sicherzustellen, dass dieses Gleichgewicht einen hohen Anteil der Getreidesorten enthält, die wir haben möchten, ist eine Kombination aus Glück, lokaler Expertise und geschickter Bewirtschaftung erforderlich. Ohne eine ordentliche Portion Glück wird es jede Menge Fachwissen und Geschick brauchen.

Mit der Zeit sterben die ursprünglichen Eltern ab und neue mehrjährige Getreidekinder müssen sich etablieren. Wenn man nicht gerade Glück hat, ist eine sorgfältige Beobachtung notwendig, auf welche Art und Weise sie sich etablieren, um einen hohen Anteil mehrjähriger Getreidepflanzen auf dem Acker zu behalten.

Land, auf dem natürlicherweise Wald wachsen würde, muss mindestens einmal im Jahr gemäht, abgebrannt oder beweidet werden, um Dornenbüsche und Bäume niederzuhalten. *Auf allen Flächen muss der Bewuchs mindestens bis auf den Boden niedergeschlagen werden, damit die Nährstoffe zirkulieren können und der trockene Bewuchs neue Keimlinge nicht erstickt.*

Um im großen Bild zu bleiben: Wenn wir eine Nutzpflanze anbauen wollen, die uns viele, viele Jahre lang Nahrung liefert, sollten wir einen Baum pflanzen. Wenn wir mehrjähriges Getreide ernten wollen, ohne ihm alle zwei Jahre den Boden vorzubereiten, legen wir in Wirklichkeit ein Grasland-Ökosystem an. Ein Ökosystem ist keine Nutzpflanze, sondern eine anspruchsvolle, lebende Einheit. Es lohnt sich, Nahrungsmittel auf Ökosystem-Ebene zu erzeugen, aber wir sollten bescheiden sein und unsere Grenzen kennen. Wir dürfen nicht erwarten, dass sich ein Ökosystem wie ein Feld mit Monokultur verhält.

Unter dem Gesichtspunkt von Züchtung werden mehrjährige Getreidesorten, wenn wir sie in einem natürlichen Ökosystem anbauen, sich so selbst aussäen, dass sie *ihre* Überlebenskriterien erfüllen, nicht unsere Kriterien für Produktivität oder Erntefreundlichkeit. Sie werden selbstverständlich wilder und weniger domestiziert und werden ganz allgemein mehr und mehr wild aussehen. Wenn wir das Feld bearbeiten, um die Umstände zu kontrollieren, unter denen sich Keimlinge etablieren können (durch Fluten, Mähen, periodisches Streifenpflügen, Unkraut jäten, Vieh weiden, darüber laufen oder was auch immer), können wir wiederholt *ausgewähltes Saatgut säen, um die erwünschten Gene weiter in unsere Richtung zu treiben.*

Getreide verarbeiten

Aufgrund der Anti-Nährstoffe im Getreide litten Gesundheit und Wohlbefinden der Menschen, als Gesellschaften vom Jäger/Sammlertum zur getreidebasierten Landwirtschaft übergingen. Neue Krankheiten und Leiden traten unter den Zivilisierten auf. Die Auswirkungen sind heute zu erkennen, wenn man die grassierende Fettleibigkeit, Unterernährung und Stoffwechselstörungen sieht, die in Zivilisationen und Familien allgemein verbreitet sind, deren Ernährung auf Getreide basiert. Traditionelle Zubereitungsmethoden (Sauerteig, Vollkorn, Keimen) minimieren die Anti-Nährstoffe und erhöhen den Vitamingehalt. Aber sie benötigen Zeit und Arbeit, die in einem industrialisierten Ernährungssystem niemand mehr aufwenden will.

Viele Menschen leiden heute an unterschwelligen Allergien gegenüber neu entwickelten Getreidesorten und Verarbeitungstechniken. Solche Allergien treten viel seltener auf bei Getreidesorten und Methoden, die vor über 60 Jahren üblich waren.

Die beste Praxis, Anti-Nährstoffe zu verringern, schließt den Verzehr ganzer Samen ein, die vor dem Kochen eingeweicht, gekeimt und/oder fermentiert wurden, sowie das Wegschütten des Kochwassers. Traditionelles Sauerteigkochen ist ein langsamer Prozess, der Zeit für den Abbau von Anti-Nährstoffen lässt.

Ich esse nicht gern undefinierbare Klumpen. Ich habe keine Ahnung, was die Fabrikbäcker alles in Brot, Kuchen, Kekse oder Puddings mixen.

Ich bin überzeugt, dass sich die Gesundheit der Menschen dramatisch verbessern würde, wenn wir aufhören würden, nicht identifizierbare, lebensmittel-ähnliche Substanzen zu uns zu nehmen. Ich esse nicht gerne "Nahrungsmittel", von denen ich nicht durch bloßes Ansehen sagen kann, zu welcher Art sie gehören.

Decker Fünf-Saat-Brot—Crumb Brothers Artisan Bread

Landrassen wie Landsorten

Die Prinzipien der Nahrungsmittelsicherheit durch Biodiversität, die im Mittelpunkt dieses Buches stehen, gelten für jeden Teil der Natur. Ich bin der Meinung, dass sie auch auf die Tiere angewendet werden sollten, die wir auf unseren Gehöften und Bauernhöfen halten. In diesem Kapitel werde ich über Hühner, Honigbienen, Pilze und Bäume sprechen.

Es ist einfacher, große Populationen von Pflanzen als von Tieren zu unterhalten. Tiere sind stärker von Inzuchtdepression betroffen als Pflanzen und erfordern daher zusätzlichen Aufwand. Populationen lassen sich in einem Umfang, wie er für die Bildung von Landrassen notwendig ist, einfacher durch Gemeinschaften unterhalten als von Einzelpersonen.

Ein weiterer feiner Unterschied zum Pflanzenbau besteht bei der Tierhaltung darin, dass ich aufgrund von fehlangepassten Merkmalen mehr Exemplare aussondere als bei Pflanzen.

Die Inzucht, die zur Erhaltung einer Rasse erforderlich ist, führt zu vorhersehbaren Beschwerden.

Ich mag gemischt-rassige Nutztiere, weil sie besonders widerstandsfähig sind. Verwilderte Katzen und Mischlingshunde freuen mich.

Hühner

Alte Hühnerrassen neigen dazu, stark inzüchtig zu sein. Die Halter:innen unternehmen große Anstrengungen, um sicherzustellen, dass die Inzucht fortgesetzt wird, damit ihre Rassen das traditionelle

Aussehen behalten. Ich habe Berichte gelesen über einige Rassen, die auf der Basis von nur einem einzigem Zuchtpaar erhalten werden!

Die Erhaltung traditioneller Rassen muss sich mit der Tatsache auseinandersetzen, dass eine Rasse, die vor langer Zeit auf einem weit entfernten Bauernhof gezüchtet wurde und dort gedieh, heute zumeist unter ganz anderen Bedingungen und lokalen Stall-Ökosystem gehalten wird als denen, die damals und dort herrschten, wo die Rasse entstand.

Landrassen-Hühner passen sich leichter an örtliche Bedingungen an: das Wetter, einen bestimmten Hühnerstall, die Gewohnheiten des Landwirts und der Gemeinschaft.

Ich kenne Landwirte, die große Gruppen von Hühnern gemischter Rassen halten, die sich nach Belieben kreuzen dürfen. Ihre Gruppen überleben bestens. Ich denke, das liegt teilweise daran, dass sie einen Haufen Hühner zusammen mit zahlreichen Hähnen halten.

Die frühere Methode, Inzuchtdepressionen bei Hühnern zu vermeiden, bestand darin, nur die Hennen zu behalten, die auf dem eigenen Gehöft geschlüpft waren, und nicht verwandte Hähne von anderswo dazuzuholen. Nicht verwandt bedeutet, getrennt seit mindestens drei Generationen.

Diese traditionelle Methode ging in einer Methode auf, die heute als "Spiral-Zucht" bekannt ist. Die männlichen Küken werden dabei immer zu einem anderen Hühnerhof weitergegeben, so dass sich die männlichen Gene spiralförmig vom Ausgangsort entfernen. Das verhindert, dass sich Hähne mit nahen Verwandten paaren.

Z. B. werden auf einem Hühnerhof drei oder mehr getrennte Hühnergruppen gehalten. Kein Männchen bleibt in der Gruppe seiner Mutter. Junge Hähne wechseln zur nächsten Gruppe. Die Reihenfolge der Rotation ist immer dieselbe. Zum Beispiel Rote Gruppe → Blaue Gruppe. Blaue Gruppe → Grüne Gruppe. Grüne Gruppe → Rote

Gruppe. Dadurch wird ein Abstand von drei Generationen eingehalten.

Es gilt, in jeder Generation genügend Hähne zu behalten, damit sich die Spirale auch weiter drehen kann, wenn ein Hahn unerwartet stirbt. Ein Hahn, der jahrelang bei der Gruppe bleibt, hat mehr Einfluss auf die Genetik der Gruppe als jüngere Hähne. Jüngere Hähne tragen zu einer schnelleren Anpassung bei. Ältere Hähne sorgen für Stabilität.

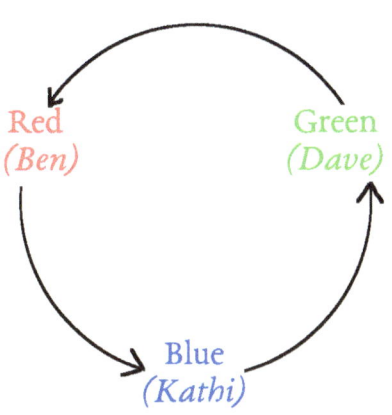

Spiral-Zucht: Männliche Küken wandern zu einer anderen Schar

Der Einfachheit halber wird die Spiralzucht am besten mit drei oder mehr Hühnergruppen auf mehreren Gehöften durchgeführt. Z. B gibt Ben seine Hahnküken an Kathi, sie gibt ihre an Dave und Dave gibt seine an Ben. Immer in dieser Reihenfolge. Dann sind keine Aufzeichnungen oder Stammbäume erforderlich.

Spiralzucht kann auch auf einem einzelnen Bauernhof durchgeführt werden, indem man jedes Jungtier mit einem farbigen Ring markiert. Sie können fast das ganze Jahr über als gemischte Gruppe gehalten werden und werden nur während der Paarungszeit getrennt. Ich kenne einen Bauern, der Spiralzucht betreibt, indem er sich merkt, welche Vögel zu welcher Gruppe gehören.

Um die lokale Anpassung zu bewahren und gleichzeitig die genetische Vielfalt zu erhöhen, empfehle ich, jedes Jahr ein oder zwei von zehn Hennen einer neuen Rasse von außerhalb der Spirale zu importieren. Jede beliebige Rasse ist in Ordnung, da man nie vorhersagen kann, wer ein Gen beisteuert, das für die langfristige Lebensfähigkeit der Gruppe von Vorteil wäre.

Wenn man wirklich keine Nachbarn findet, die die Vorstellung von Landrassenhühnern teilen, gibt es eine Variante des Spiralzuchtschemas: Man behält nur die Hennen und schafft in jedem Frühjahr vor der Paarungszeit alle Hähne ab. Danach holt man sich neue Hähne von irgendwelchen Rassen, die es bisher noch nicht auf dem Hof gab. Dieses Vorgehen erhält die lokale Anpassung der Hennen und bringt stetig neue Gene durch die Hähne ein.

Lernen ist ein wichtiger Teil der Überlebensfähigkeit eines Huhns. Am besten lernen sie wichtige Fähigkeiten von ihrer Mutter und den anderen Mitgliedern ihrer Gruppe. Ich empfehle dringend, dass lokal angepasste Hühnergruppen von Landrassen sich durch brütende Hennen selbst erhalten und nicht mit Hilfe von computergesteuerten Brutmaschinen.

Viele moderne und alte Rassen haben den Brutinstinkt verloren. Die Entwicklung einer robusten, wüchsigen, lokal angepassten Hühnergruppe kann die Selektion auf Brutlust miteinschließen.

Honigbienen

Etwa 70 % der Honigbienenvölker in den USA werden jedes Frühjahr mit Lastwagen zu den Mandelplantagen in Kalifornien transportiert. Die Bienen tauschen dort Schädlinge und Krankheiten untereinander aus, bevor sie in den Rest des Landes wandern. Das Ökosystem der Plantagen besteht aus nackter Erde; es bietet den Bienen kaum Nutzen. Bis zum nächsten Frühjahr sind 40 % der Völker gestorben.

In meinem Tal liegt die Sterberate der Honigbienen im Winter derzeit bei fast 100 %, unabhängig von der Behandlung durch die Imker. Im Frühjahr werden die Bienen ersetzt durch Bienen, die nicht an die lokalen Bedingungen angepasst sind und gerade aus Kalifornien zurückgekehrt sind. Krankheiten und Schädlinge grassieren. Die Bienen sind zum Überleben auf Chemikalien angewiesen. Ihnen fehlt die lokale Anpassung. Sie haben wenig Chancen, den Winter zu überleben.

Mein Urgroßvater und mein Vater waren Imker und hielten lokal angepasste Honigbienen ohne Wintervorbereitungen, außer dass sie das Flugloch verkleinerten. Verwilderte Honigbienen lebten in Felsformationen in den umliegenden Hügeln und in verlassenen Gebäuden. Die lokalen Besserwisser nahmen es auf sich, die verwilderten Honigbienen zu töten, da sie behaupteten, sie seien eine biologische Gefahr.

Im Interesse der lokalen Nahrungsmittelsicherheit sollte mein Tal sich dafür einsetzen, wieder lokal angepasste Bienen zu etablieren, sowohl betreute als auch verwilderte. Ich werde nachfolgend einige Ideen vorstellen, wie meiner Meinung nach ein Projekt aussehen könnte, das der Entwicklung bewährter Verfahren in diese Richtung dient.

Die Bienen sollen ohne Behandlungen auskommen. Keine chemischen Behandlungen. Keine Antibiotika. Keine Milbenbehandlungen. Durch

Industrialisierte Bienenhaltung

den Betrieb eines behandlungsfreien Systems können Schädlinge, Krankheiten und Honigbienen stabile Beziehungen eingehen.

Die Bienen sollten natürliche Waben in zufälligen Mustern bauen. Handelsübliche Waben haben eine unnatürliche Zellgröße. Wenn Bienen aus industriell gefertigten Waben schlüpfen, erreichen sie eine für ihre Biologie ungeeignete Größe. Vorgefertigte, gerade Waben stören die effektive Heizung und Kühlung des Bienenstocks.

Das Konzept eines Bienenhauses sollte abgeschafft werden. Um das Verfliegen der Bienen und die Ausbreitung von Krankheiten zu minimieren, sollten die einzelnen Kolonien mindestens 75 m voneinander entfernt aufgestellt werden, mit unterschiedlich ausgerichteten Eingängen und unterschiedlichen geometrischen Mustern auf jeder Beute.

Warré-Beuten sind für mein Klima am besten geeignet. Sie bestehen aus 4 bis 8 cm oder dickerem Holz für zusätzliche Temperaturstabilität und verfügen über einen Boden aus natürlichem Kompost.

Natürliche Schwärme aus kleinen Bienenstöcken sollten die normale Fortpflanzungsart sein.

Wenn möglich sollte das Projekt in einem Gebiet durchgeführt werden, das nicht von Drohnen aus konventioneller Bienenhaltung überschwemmt wird. Vielleicht übernehmen Menschen im Projektgebiet, deren Bienen der Winter gekillt hat, lokal angepasste Bienen. Auf diese Weise würden die Empfänger dieser Völker Drohnen zur Gesamtzahl paarungsbereiter Drohnen beitragen, die schon dem Projektziel entsprechen.

Wie bei allen natürlichen Systemen passen sich die Bienen wenn irgend möglich an das an, was sie vorfinden. Je mehr unser künstliches System ihren natürlichen Bedürfnissen entspricht, desto leichter können sie sich anpassen. Ich kann in dieser Hinsicht mit voller

Überzeugung das Büchlein 12 Tenets Of Preservation Beekeeping *(12 Grundsätze einer nachhaltigen Bienenhaltung)* empfehlen, das bei "What Bees Want" erhältlich ist.

Es wäre allerdings eine Bildungskomponente erforderlich, um den örtlichen Bieneninspektoren und den chemischen Imkern nahezubringen, dass Bienen, die an die örtlichen Gegebenheiten angepasst sind, keine biologische Gefahr darstellen.

Das Projekt sollte regelmäßig genetisch unterschiedliche Bienenstämme importieren, insbesondere wenn diese aus anderen Projekts stammen, die an der Entwicklung behandlungsfreier, lokal angepasster Landrassenpopulationen arbeiten.

Ein Zuchtprojekt an Honigbienen ist, mehr noch als alle anderen, die ich in diesem Buch besprochen habe, ein Gemeinschaftsprojekt. Die Öffentlichkeitsarbeit könnte entscheidend sein, um mehr Menschen zu ermutigen, verwilderte Kolonien wertzuschätzen und ihrer Überlebensfähigkeit Hochachtung entgegenzubringen.

Speisepilze

Die geschlechtliche Fortpflanzung bei Pilzen scheint mysteriös, aber es lassen sich ohne Probleme Wildstämme anbauen, die nicht speziell selektiert sind. Ich nutze Pilze aus der Natur und aus Geschäften. Ich verarbeite sie zu einem wässrigen Püree, das ich auf geeignetes Substrat schütte. Nach Regenschauern bei kühlem Wetter kontrolliere ich dann die "Pflanzungen". Wenn die Pilzhyphen (nur mikroskopisch sichtbare, fadenähnliche Geflechte, die den eigentlichen Organismus "Pilz" darstellen und die sich im Wirtsgewebe/Substrat ausbreiten) einmal Fuß gefasst haben, kann ein Pilzbeet viele Jahre lang Fruchtkörper (Pilze) bilden.

Meine Pilze wachsen im Freien in einem lebendigen Ökosystem. Sie gedeihen in einer natürlichen Umgebung.

Morchel-Pilze wachsen natürlicherweise in Verbindung mit Pappeln und Espen; deshalb bevorzuge ich Holzspäne dieser Baumarten, wenn ich Morcheln ziehe.

Am häufigsten finde ich Austernpilze, die an Baumwurzeln wachsen. Wenn ich Holzstämme mit ihren Hyphen infiziere, ahme ich dieses Ökosystem nach, indem ich die Stämme teilweise vergrabe. Das Vergraben hilft, sie feucht zu halten; denn hier ist es normalerweise sehr trocken.

Wie bei jeder Art bekommt man das, was man selektiert; die Art passt sich gegebenen Bedingungen an. Je vielfältiger die Gene einer Population sind, desto mehr Anpassung an unterschiedliche lokale Bedingungen ist möglich.

Bäume

Bäume sind ein langfristiges Zuchtprojekt, das sich möglicherweise über mehrere Generationen erstreckt. Bei der Baumzucht gehe ich unbekümmert nach der Devise "Wird-schon-werden" vor. Bevor die Sämlinge ausgewachsen sind, hat das Land wahrscheinlich den Besitzer gewechselt, vielleicht schon mehrmals. Ich pflanze trotzdem so viele Baumsämlinge wie möglich. Ein oder zwei Jahrzehnte später, wenn die Bäume Früchte tragen, klopfe ich an die Tür von wem auch immer, und frage nach Samen.

Ich verkaufe Baumsämlinge auf dem Bauernmarkt. Ich weiß nicht, wohin sie gehen. Jahre später finde ich sie vielleicht irgendwo in der Stadt.

Ich säe Baumsamen und pflanze Sämlinge in die Wildnis. Einige von ihnen werden zu Bäumen.

Die Nachkommen von guten Eltern sind tendenziell ebenfalls gut. In den meisten Fällen ähneln die Nachkommen ihren Eltern. Bisher habe ich keine neuen Gifte oder besondere Missbildungen bei den Bäumen gefunden, die ich aus Samen gezogen habe.

Äpfel

Meine Gemeinde hat Bewässerungsgräben angelegt, als sie vor 160 Jahren gegründet wurde. Die Arbeiter hinterließen die Kerne ihrer Nachtisch-Äpfel in der Nähe des Kanals. Noch heute wachsen Apfelbäume entlang des Kanals. Die Äpfel sind meist kleinfrüchtig und haben eine gelbe Schale. Ihr Geschmack ist säuerlich und erfrischend. Jeder Baum trägt Früchte mit einem anderen Geschmack. Ich habe keine gefunden, die bitter oder ungenießbar waren. Sie werden kaum von Apfelwicklern befallen. Verwilderte Apfelbäume wachsen in vielen Uferbereichen des ganzen Tals.

Walnüsse

Mein Walnusszuchtprojekt führt die Arbeit von Les Shandrew fort, der vor vielen Jahrzehnten starb. Er hatte zwei Generationen von Bäumen gezogen. Die dritte Generation selektierte ich stark nach Winterhärte, indem ich die Sämlinge 300 m höher pflanzte. Diese Maßnahme bewirkte, dass heute Karpaten-Walnussbäume zuverlässig Nüsse liefern in einem hoch gelegenen Tal, in dem die kommerziell erhältlichen Klone das nicht tun.

Die dritte Generation hat angefangen, Nüsse zu liefern. Ein Baum trägt Nüsse ohne die leichte Bitternote, die ich an Walnüssen nicht mag. Wir pflanzen nun Sämlinge der vierten Generation in der ganzen Stadt.

Aprikosen

In meinem Ökosystem wachsen verwilderte Aprikosen, ohne jegliche Bewässerung. Als mein Papa ein Kind war, aß er Aprikosen auf einem trockenen Hügel. Die Kerne blieben zurück. Siebzig Jahre später ist aus einem Sämling ein Hain geworden. Aprikosensämlinge tragen nach drei bis fünf Jahren Früchte. Ein Mensch kann hoffen, in seinem Leben mehrere Generationen heranzuziehen.

Ich ziehe eine Reihe Aprikosensämlinge. Einer der Eltern hat süße, delikate Früchte. Man kann sie nur direkt vom Baum essen, da sie nicht transportfähig sind; aber sie haben den wunderbaren Aprikosengeschmack von früher. Ich hoffe, dass einige seiner Nachkommen genauso gut schmecken werden.

Landsorten-Nüsse

Landsorten-Beten

Nachwort

Ich habe hier meine Gedanken vorgestellt, wie das Gärtnern mit Landsorten die lokale Nahrungsmittel- und Saatguterzeugung stärkt, ebenso, wie sich die Ernährungssicherheit auf meinem Hof verbessert hat durch lokale Anpassung, genetische Vielfalt und Fremdbefruchtung meiner Nutzpflanzen und -tiere.

Ich habe kurz gestreift, wie wir dahin gekommen sind, wo wir heute sind. Mir geht es nicht darum, aus Ärger irgendwelchen Bösen Buben Schuld zu geben. Meine Intention ist, ein System einzurichten, in dem wir unser Leben gern verbringen. Der Rest der Welt kann in den Systemen leben, die er für richtig hält.

Der erste Entwurf dieses Buches enthielt ein Kapitel mit der Überschrift „Gemeinschaft". Es wurde entfernt, um den Gemeinschaftsgedanken das gesamte Buch durchziehen zu lassen; denn beim Gärtnern mit Landsorten geht es genauso viel um blühende, lokale Gemeinschaften wie um gedeihlichen Pflanzenbau.

Ich habe einen Ausweg aus dem Stress aufgezeigt, der mit der Reinhaltung und Isolierung von Erbstück- und Alten Sorten verbunden ist. Ich habe festgestellt, dass Populationen gesünder und wüchsiger sind, wenn sie sich gegenseitig bestäuben und genetisch vielfältig sind. Ich habe vorgeschlagen, Aufzeichnungen auf ein Minimum zu beschränken oder sie ganz aufzugeben.

Ich habe Beispiele von Nutzpflanzen genannt, an denen ich gearbeitet habe. Ich habe angemerkt, dass Nutzpflanzen sich in neue, unverhoffte und spannende Richtungen entwickeln können, wenn man darauf achtet. Durch Selektion können neue Sorten für neue landwirtschaftliche Praktiken geschaffen werden.

Ich habe meine Leidenschaft für das Projekt „Beautifully Promiscuous and Tasty Tomato" ausgedrückt. Ich hoffe, dass einige von Euch mich dabei unterstützen, eine robuste Population von Tomaten zu kreieren, die sich nicht mehr selbst befruchten können.

Ich habe hier Arten vorgestellt, die Potenzial für weitere Züchtungsanstrengungen haben. Ich habe hier nur über ein paar Dutzend Arten geschrieben, aber ich habe an hundert gearbeitet. Es gibt tausend weitere in anderen Ökosystemen und in der Wildnis. Die Prinzipien des Landsorten-Anbaus gelten für jedes Ökosystem und jede Pflanzen- oder Tierpopulation. Wir bekommen, was wir selektieren, auch wenn es unbeabsichtigt ist. Genetisch vielfältige, sich gegenseitig bestäubende Populationen passen sich veränderten Bedingungen an. Dies führt zu einer zuverlässigeren und sichereren Nahrungsmittelversorgung.

Der Anfang kann so einfach sein, wie ein paar Pflanzen von zwei Sorten dicht beieinander wachsen zu lassen, dann ihre Samen zu gewinnen und sie wieder auszusäen.

Nun, fühlt Ihr Euch zum Gärtnern mit Landsorten inspiriert und welche Pflanzen-Arten würdet Ihr an Euren Garten anpassen?

Anhang

Leichtigkeit, mit der Arten zu Landsorten zu entwickeln sind

Diese Tabelle fasst meine Einschätzung bezüglich der Schwierigkeit zusammen, bei verschiedenen Arten Landsorten zu schaffen[1]; so lassen sich einjährige Arten mit hoher Auskreuzung am schnellsten in lokal angepasste Landsorten verwandeln. Große Blüten machen es einfach, eigenhändig Hybriden zu kreieren.

Pflanzenart	Kreuzungsrate	Manuelle Hybridi- sierung	Vermeidung von F1 Hybriden[2]
Sehr einfach			
Acker-, Puff- oder Dicke Bohne	~30%	ja	
Feuer- oder Prunkbohne	~35%	ja	
Mais	hoch	leicht	
Gurke	~70%	leicht	
Melone	hoch	leicht	

---

1 Für nicht genannte Arten kannst Du die Leichtigkeit abschätzen, mit der sie in eine Landsorte verwandelt werden können, indem Du Dir die Blüten anschaust. Wenn sie einjährig sind und viele Insekten anlocken oder vom Wind bestäubt werden, gehören sie ans leichtere Ende der Skala.

2 Kommerzielle Hybriden werden häufig mit Hilfe der Cytoplasmatischen männlichen Sterilität (CMS) erzeugt.

Pflanzenart	Kreuzungsrate	Manuelle Hybridi- sierung	Vermeidung von F1 Hybriden
Spinat	100%	leicht	
Kürbis	hoch	leicht	
Einfach			
Spargel	100%	leicht	
Gerste	~10%		
Kohl, Grünkohl, Brokkoli	100%	ja[3]	ja
Aubergine oder Melanzani	~10%	ja	
Okra	~10%	ja	
Paprika	~10%	ja	
Rettich, Radieschen	~85%		ja
Sonnenblume	~50%		ja
Tomatillo	100%	ja	
Panamouröse Tomate	~30%	ja	
Fremdbestäubende Tomate	100%	leicht	
Weizen	~10%		
Schwer [4]			
Rübe	hoch		ja
Möhre oder Karotte	hoch		ja
Zwiebel	hoch		ja
Pastinake	~30%		ja
Kartoffel		ja	
Steckrübe	~20%		ja

3 Weil diese Art sich nicht selbst befruchten kann, sind eigenhändige Hybriden leicht zu erzeugen, indem für jede Art, die gekreuzt werden soll, genau eine Pflanze angebaut wird.

4 Ich zähle zweijährige Gartenfrüchte zu "Schwer" auf Grund der Schwierigkeit, die "Früchte" (Wurzeln, Zwiebeln, Kohlköpfe) zu überwintern.

Pflanzenart	Kreuzungsrate	Manuelle Hybridisierung	Vermeidung von F1 Hybriden
Süßkartoffel	100%		
Gewöhnliche Tomate [5]	~3%	ja	
Kohlrübe	100%		ja
Sehr schwer [6]			
Gewöhnliche Gartenbohne	0.5-5%	ja	
Garbanzo-Bohne oder Kichererbse	niedrig	ja	
Knoblauch			
Salat	~3%		ja
Erbse	0,5%	ja	
Topinambur [7]	100%		

---

5 Ich halte die Kultur-Tomate für "Schwer", weil ihre genetische Vielfalt gering ist.

6 Ich ordne Arten mit einer niedrigen Fremdbestäubungrate in die Gruppe "Sehr schwer" ein.

7 Ich nenne Tombinambur "Sehr schwer", weil er sich hauptsächlich vegetativ durch Rhizome vermehrt.

Mögest du Frieden haben,

mögest du Freude haben,

mögest du Freiheit haben,

und mögest du Geborgenheit haben.

Glossar

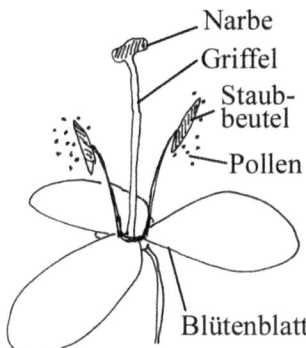

Die Teile einer Blüte

Anpassungsfähigkeit:
Die Fähigkeit einer Population, sich veränderten Wachstumsbedingungen anzupassen. Die Anpassungsfähigkeit hängt von der unterschiedlichen genetischen Ausstattung der einzelnen Individuen der Population ab. Je größer die genetischen Unterschiede der einzelnen Individuen sind, desto größer ist die Chance, dass Individuen unter veränderten Bedingungen überleben und sich erfolgreich fortpflanzen können.

Cultivar:
Kofferwort, zusammengesetzt aus cultivated (kultiviert) und variety (Varietät/Sorte).

Erbstück-Sorte:
Eine Haus- oder Hofsorte, die seit mehr als 50 Jahren durch gelenkte Bestäubung oder Selbstbestäubung der Inzucht unterliegt.

Fremdbestäubung:
Die Befruchtung der Eizelle einer Blüte (Mutterpflanze) mit Pollen (männlichen Keimzellen) einer anderen Pflanze (Vaterpflanze), die mit der Mutterpflanze nicht nahe verwandt ist. Fremdbestäubung fördert die Heterozygotie.

Gartenbohne, gewöhnliche (Phaseolus vulgaris):
Ich schließe oft „gewöhnlich" ein, wenn ich über Bohnen spreche, um die Art Phaseolus vulgaris zu bezeichnen, zu der Stangenbohnen, wie die Sorten Blauhilde und Neckarkönigin, gehören, deren unreife Hülsen oder trockene, ausgereifte Bohnen gegessen werden; zu dieser Art gehören aber auch Grüne und Gelbe Buschbohnen (Sorten z. B. Saxa und Helios), die ebenfalls unreif oder ausgereift verwendet werden können.

Heirloom:
siehe Erbstück-Sorte.

Homozygotie, homozygot:
Reinerbigkeit, reinerbig; alle Gene auf dem (in der Regel) doppelten (diploiden) Chromosomensatz gleichen sich (an den Gen-Orten befinden sich identische Allele). Populationen aus identischen, homozygoten Individuen besitzen keine Anpassungsfähigkeit.

Heterozygotie, heterozygot:
Gemischterbigkeit, gemischterbig; viele Gene auf dem diploiden Chromosomensatz sind unterschiedlich. Heterozygotie innerhalb einer Population fördert ihre Anpassungsfähigkeit.

Inzucht:
Die Befruchtung mit eigenem Pollen oder dem von nah verwandten Pflanzen. Fortgesetzte Inzucht führt zu Homozygotie. Inzucht hält den Phänotyp stabil, führt aber zum Verlust der Anpassungsfähigkeit.

Inzuchtdepression:
Der Verlust an Vitalität, der bei Inzucht auftritt (in der Regel bei Fremdbestäubern).

Landsorte:
Eine lokal angepasste, genetisch vielfältige (heterozygote), ungelenkt oder promisk bestäubte Nutzpflanzen-Population. Landsorten sind eng mit dem Land, dem Ökosystem, dem Landwirt und der Gemeinschaft verbunden. Landsorten bieten Nahrungssicherheit durch ihre Anpassungsfähigkeit.

Männlich steril:
Eine Pflanze, die keinen fruchtbaren Pollen produziert, weil die Staubbeutel fehlen, deformiert sind, oder sie keine männlichen Blüten besitzt.

Gelenkte Bestäubung:
Die Praxis der Isolierung und Inzucht von Pflanzenpopulationen, um sie rein (homozygot) zu halten. Die gelenkte Bestäubung stellt sicher, dass ihr Phänotyp von Jahr zu Jahr stabil bleibt.

Offene Bestäubung:
Gelenkte oder ungelenkte Bestäubung durch Wind oder Insekten.

Phänotyp:
Die sicht- oder messbaren Merkmale eines Organismus. Der Phänotyp wird sowohl durch die genetische Ausstattung als auch durch die Umweltbedingungen beeinflusst.

Promiske (freizügige) Bestäubung:
Die Praxis, Fremdbestäubung zu fördern, um die genetische Vielfalt
(Heterozygotie) einer Population und damit ihre lokale Anpassungsfähigkeit
zu erhöhen.

Selbstbestäubung:
Bestäubung einer Blüte oder Pflanze mit dem eigenen Pollen bzw. dem Pollen
einer genetisch identischen Pflanze. Fortgesetzte Selbstbestäubung führt nach
wenigen Generationen zu Homozygotie.

Selbst-inkompatibel:
Beschreibt eine Pflanze, die nicht zur Selbstbestäubung fähig ist. Selbstinkompatible Pflanzen sind zu 100 % auf Fremdbestäubung angewiesen.

Worfeln:
Nutzung des Windes, um Samen von Spreu zu trennen.

Schnellübersicht

Landsorte

- Lokal angepasst
- Genetisch vielfältig
- Offen bestäubend
- Gemeinschaftsorientiert

Geheimnisse der Pflanzenzüchtung

- Pflanzen erzeugen Samen
- Die Nachkommenschaft ähnelt den Eltern und Großeltern
- Manchmal wird ein Merkmal erst in der übernächsten Generation wieder sichtbar

Landsorte erschaffen

- Alte und offen bestäubende Sorten bevorzugen
- Einmalige Massenkreuzung oder langsamer Gen-Zufluss
- Offene Bestäubung
- Überleben der am besten Angepassten
- Kein Hätscheln
- Lokale Sorten verwenden

Landsorten pflegen

- Gemeinschaft, Gemeinschaft, Gemeinschaft pflegen
- Neue Gene zuführen
- Bisherige Gene behalten
- Größere Populationen bevorzugen
- Nicht streng selektieren
- Kreuzungen einen vorderen Rang einräumen

Saatgut-Ernte

Trocken

- Dreschen
- Sieben
- Worfeln

Nass

- Fermentieren
- Spülen
- Trocknen
- Worfeln

Saatgut-Lagerung

- Kalt
- Dunkel
- Trocken
- Sicher

Spaß haben im Garten

- Umarmen
- Singen
- Tanzen
- Erzählen
- Gemeinschaft
- Trommelkreise
- Barfuß laufen
- Mit der Hand essen
- Freudenfeuer und gemeinsames Geheul bei Vollmond
- Sä- und Erntefeste
- Wundervolle, frische Aromen zutiefst genießen
- Hübsche Steine verstecken, um sich dann Jahre später zu freuen, wenn man sie beim Unkrautjäten wiederfindet

Über den Autor

Joseph Lofthouse lernte die Saatgutgewinnung von seinem Großvater und seinem Vater auf einem Hof, der seit sechs Generation in Familienhand ist.

Er arbeitete als Chemiker, bis er durch ethische Dilemmata zusammenbrach. Er suchte Zuflucht in einem Kloster und legte ein Armutsgelübde ab, bevor er wieder in sein Heimatdorf zurückkehrte, um sich dort der Landwirtschaft zu widmen.

Drei Jahre lang baute er Marktgemüse an und wandte sich dann der Saatgutgewinnung sowie der Entwicklung von Landsorten zu; er hält Vorträge über seine Arbeit und schreibt darüber.

Die Übersetzer

Peter Ekl, Jahrgang 1954, gärtnert seit „schon immer" in fremden und eigenen Gärten. Seit 25 Jahren pflegt er einen kleinen Bio-Hof in Oberbayern mit einem grossen Garten, irgendwo zwischen Waldgarten und Permakultur. Dort gedeihen neben Gemüse viele Obstbäume, Beeren und Nüsse, dazwischen auch zahlreiche Heilpflanzen. Er hält auch eine Herde Bayerischer Waldschafe, einer alten einheimischen Haustierrasse. Außerdem ist er als Geschichtenerzähler unterwegs; dabei erzählt er Erwachsenen in freier Rede alte und neue Geschichten.

Jürgen Müller-Lütken aß jahrzehntelang das trockene Brot der industriellen Zivilisation, fernab jeglicher Verbindung zu lebendigem Boden. Er studierte zwar Biologie, die „Lehre vom Leben", in der Annahme, dies habe etwas mit „dem Lebendigen" zu tun; aber viele tote Einzelteile fügten sich ihm nicht zu etwas Lebendem zusammen.

Erst als 1994 auf einem Balkon, dann auch in Gärten wieder Samen unter seinen Händen keimten, erwachte seine Erinnerung an den paradiesischen Bauerngarten seiner Kindheit.

Seit 2012 schreibt er in seinem Blog "ichbindannmalimgarten.de" über seine Entwicklung vom Tomaten-Anbauer über den Zuchtsorten-Erhalter zum Landsorten-Erzeuger.

Von der Sorten-Vielfalt kam er zur Individuen-Vielfalt, die er seit ihrer Entdeckung für die einzig wirkliche, nützliche, menschheitsrettende Vielfalt hält und daher maximal befördern möchte. 2022 stieß er im Internet zufällig auf das Buch "Landrace Gardening" von Joseph Lofthouse, der bis dato einzigen Veröffentlichung zum Thema "Landsorten", sprich: „Individuen-Vielfalt bei Nutzpflanzen". Seine spontane Anfrage, das Buch ins Deutsche übersetzen zu dürfen, wurde vom Autor umgehend und ohne Auflagen positiv beschieden.

Joseph Lofthouse